青藏地区生命发现之旅专题丛书

川藏南线动植物与生态环境图集

主编 刘 虹 刘 娇 杨 楠

武汉大学出版社

图书在版编目（CIP）数据

川藏南线动植物与生态环境图集/刘虹,刘娇,杨楠主编.—武汉:武汉
大学出版社,2023.10
青藏地区生命发现之旅专题丛书
ISBN 978-7-307-23703-2

Ⅰ.川…　Ⅱ.①刘…　②刘…　③杨…　Ⅲ.①野生动物—四川—图集
②野生动物—西藏—图集　③野生植物—四川—图集　④野生植物—西
藏—图集　Ⅳ.①Q958.52-64　②Q948.52-64

中国国家版本馆 CIP 数据核字(2023)第 070569 号

责任编辑:张钰晴　　　责任校对:方竞男　　　装帧设计:吴　极

出版发行:**武汉大学出版社**　　(430072　武昌　珞珈山)
　　　　　（电子邮箱:whu_publish@ 163.com）
印刷:武汉市金港彩印有限公司
开本:850×1168　　1/16　　印张:14.5　　字数:375 千字　　插页:2
版次:2023 年 10 月第 1 版　　　2023 年 10 月第 1 次印刷
ISBN 978-7-307-23703-2　　　　　定价:298.00 元

青藏地区生命发现之旅专题丛书编委会

《川藏南线动植物与生态环境图集》编委会

青藏地区生命发现之旅专题丛书

建 设 单 位

（排名不分先后）

中南民族大学

西藏大学

中央民族大学

西南民族大学

西北民族大学

武汉大学

重庆大学

华中科技大学

北京联合大学

北京林业大学

塔里木大学

江汉大学

台州学院

北方民族大学

青藏地区生命发现之旅专题丛书

支 持 单 位

（排名不分先后）

西藏自治区林业和草原局

农业农村部食物与营养发展研究所

国家林业和草原局中南调查规划设计院

国家新闻出版署出版融合发展（武汉）重点实验室

甘肃华羚乳品集团中国牦牛乳研究所

西藏自治区科技信息研究所

中国科学院武汉植物园

北京中科科普促进中心

湖北探路者车友会

湖北省水果湖第二中学

中国科学院动物研究所

青藏地区生命发现之旅专题丛书项目资助

中南民族大学生物技术国家民委综合重点实验室建设专项

中南民族大学生物学博士点建设专项

中南民族大学中央科研业务费民族地区特色植物资源调查与综合利用专项

西藏大学生态学一流建设专项

序

　　提起青藏高原，首先让人想到的就是耳熟能详的"世界屋脊""第三极"的称呼。未去过的人，神往那里的蓝天白云、雪山圣湖、美丽的高原以及神奇的传说；去过的人，在感叹大自然的神奇与严酷的同时，回味那一段难忘的经历与考验，惊叹在生命禁区中诞生的灿烂的民族文化。

　　随着"一带一路"倡议的提出，青藏地区作为历史上"南方丝绸之路""唐蕃古道""茶马古道"的重要组成部分以及中国与南亚诸国交往的重要门户，面临着前所未有的发展机遇，其作为南亚贸易陆路大通道，已成为"一带一路"重要组成部分。新时代的青藏地区正焕发着前所未有的魅力。正是在一代又一代建设者的努力下，青藏地区交通设施日趋完善，去青藏高原不再是大多数人不可触及的梦，越来越多的人或乘飞机，或坐火车，或自驾，从四面八方奔向青藏高原，宛若当年荒漠中丝绸之路繁荣的再现，只不过那是大漠的传说，这是荒原的传奇。编者们自2011年从滇藏线进藏伊始，历经近7年，于2018年8月终于完成了对所有进藏路线的考察。其间，恰逢第二次青藏高原综合科学考察研究启动，在这7年里，科考团队深刻地感受到国家政策扶持与社会经济的发展给青藏高原带来的巨大变化。一路走来，高山反应很可怕，这更让人敬佩在这种严酷环境下建设者们和科学工作者们坚守岗位、献身科学的精神，让人感受到他们的可亲与可敬。

　　编写这套丛书的目的在于，考察和介绍进入青藏高原主要交通线沿途的野生动植物和生态环境，让读者了解不一样的大自然，感受生命的魅力，从而传递生命之美。在一定程度上，青藏高原的魅力，正是在于"生命禁区"这一严酷的称呼。在生物学家眼里，这里是野生动植物的天堂。人类因资源而生，社会因资源而兴。千百年旷寂的高原因丰富的动植物资源变得生动而鲜活，文化因独具特色的资源变得鲜明而有特点。出版此套丛书，是希望人们的进藏之旅不仅仅是体验之旅、探险之旅、探索之旅，更是一次文化之旅和生态之旅。习近平总书记在哈萨克斯坦纳扎尔巴耶夫大学发表演讲并回答学生们的问题，在谈到环境保护问题时，他指出："我们既要绿水青山，也要金山银山。宁要绿水青山，不要金山银山，而且绿水青山就是金山银山。"（《习近平总书记系列重要讲话读本》）同时习近平总书记也强调，"保护好青藏高原生态就是对中华民族生存和发展的最大贡献"，保护好"世界上最后一方净土"，保护好"雪域高原的一草一木、山山水水"。（中国西藏新闻网《坚定不移建设美丽西藏 守护好"世界上最后一方净土"》）希望大家在感受大自然神奇的同时，了解青藏，爱护青藏。

特为序。

编 者
2019年3月

前　言

　　318国道川藏南线，被誉为"中国最美景观大道"，这条令无数背包客、骑行者、自驾游人趋之若鹜的公路究竟有何种令人着迷的魅力呢？我们在数次科考活动中找到了答案。从2011年开始，编者一行开启了对川藏南线的考察之旅，前后五次进入川藏区域考察生态环境及野生动植物资源分布情况。然而，正如中华人民共和国成立初期我国著名植物生态学家侯学煜所说的"大自然是一本读不完的天书"，川藏南线对于我们而言，也是一本读不完的书，每一次挑战它，我们都会有新发现。

　　川藏公路南线自东向西，从四川成都出发，经雅安、康定、雅江、理塘、巴塘等地，在芒康段与滇藏线会合，然后途经左贡、邦达、八宿、波密、林芝等地，终点为拉萨，全长2142千米，属318国道，是以康定为要点的川康公路和康藏公路的合称，沿途有多个著名险段。

　　川藏南线，以奇险的地貌和变幻多姿的景色闻名，独特的地理位置和复杂的生态环境造就了川藏南线极其丰富的生物多样性。川藏南线穿越著名的横断山区，世界上多种不同植物区系在这里交汇，行走其中，可以体验"一山有四季，十里不同天"的奇特感受。沿着川藏南线自驾，穿行于高山巨壑和湖泽谷地之间，可以感受新都桥的光影世界、稻城亚丁的仙境、然乌湖的如梦似幻，还可以在雅鲁藏布大峡谷瞭望地球最后的秘境，在理塘品味世界高城上的清凉佛国，在林芝领略"西藏江南"的绝美风光。当然，这一路上比美景更令人兴奋的，是川藏南线多样化的生态环境，不时出现的野生动物和千姿百态的野生植物让我们感受到雪域高原的生机和活力。如果说新藏线的辽阔壮美让它总免不了有一丝寂寞，那么川藏南线一路上的风景、人文、动植物都让它相对"热闹"起来。站在垭口眺望，可以看到连绵雪山下云雾缥缈的原始森林、静美的湖泊、古老的藏式民居、赶着成群牛羊的藏族群众……云卷云舒间，人与自然谱写了一曲天籁和谐之音。偶尔行走在弯曲的河谷间，河谷平坦而舒缓，河谷两岸是藏族群众种下的青

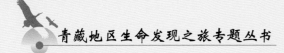
稞，阳光照在这片绿毯上，也照在人们黝黑发亮的脸上，远远望去一片光泽。在川藏南线的旅途中，不仅可以沐浴平地升起的第一抹阳光，也能心无杂念地在夕阳西下的湖边静静徜徉。

1958年，川藏公路正式通车，几十年间，川藏公路的翻修改造工作稳步推进。当年修筑时，平均每座里程碑下长眠着一位烈士，而今在这条路上奉献的基层工作者更是不计其数。2011年，我们首次翻过二郎山崎岖山路的场景还历历在目，2021年，绝大部分隧道修通后简直是"天堑变坦途"。我们对川藏公路的翻修改造感触颇深，因此对这些建设者们怀有崇高的敬意。

通过数次科考，一路走一路看，我们发现，川藏南线主要有针阔叶混交林、寒温带针叶林、高山草甸、灌丛、沼泽草甸、流石滩植被和高寒荒漠植被等类型，经过不同的地区，能明显感受到层次分明的自然景观和大量的特有生物种类。我们希望，此书能够给广大读者展现出川藏南线最有生机、最有趣的一面，也让走过此线路的广大朋友重新感受一次川藏南线的无限魅力。

感谢读者们一直以来的喜爱和支持！你们的支持是我们推出丛书的动力。

我们编写青藏地区生命发现之旅专题丛书，旨在展现青藏高原人文与自然的碰撞和交融，让读者走进西藏，感受不一样的美。由于编者知识水平有限，书中难免有错误、遗漏之处，敬请各位读者批评指正！

编　者

2022年11月

走进川藏南线

C 目 录
Contents

青藏高原概述

青藏高原是中国最大、世界海拔最高的高原，被称为"世界屋脊""第三极"，南起喜马拉雅山脉南缘，北至昆仑山、阿尔金山和祁连山北缘，西部为帕米尔高原和喀喇昆仑山脉，东及东北部与秦岭山脉西段和黄土高原相接，介于北纬26°00′～39°47′，东经73°19′～104°47′之间。

青藏高原东西长约2800千米，南北宽300～1500千米，总面积约250万平方千米，地形上可分为藏北高原、藏南谷地、柴达木盆地、祁连山地、青海高原和川藏高山峡谷区6个部分，包括中国西藏全部和青海、新疆、甘肃、四川、云南的部分地区，以及不丹、尼泊尔、印度、巴基斯坦、阿富汗、塔吉克斯坦、吉尔吉斯斯坦的部分或全部地区。

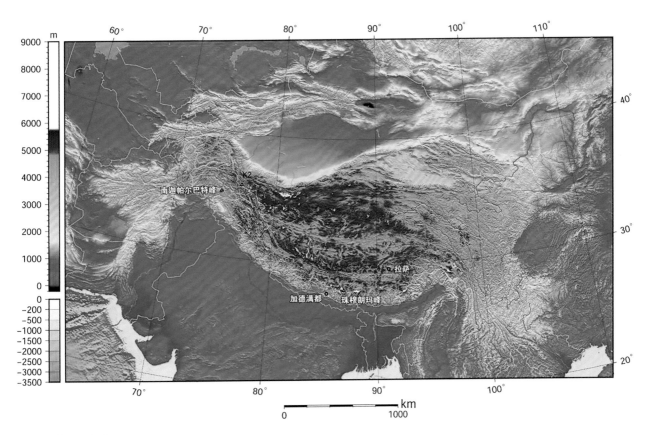

1.气候特征

（1）总体特点

青藏高原气候总体特点：辐射强，日照多，气温低，积温少，气温随高度和纬度的升高而降低，气温日较差大；干湿分明，多夜雨；冬季干冷漫长，大风多；夏季温凉多雨，冰雹多。

青藏高原年平均气温由东南的20℃，向西北递减至﹣6℃以下。由于南部海洋暖湿气流受多重高山阻留，年降水量从南至北相应由2000毫米递减至50毫米以下。喜马拉雅山脉北翼年降水量不足600毫米，而南翼为亚热带及热带北缘山地森林气候，最热月平均气温18～25℃，年降水量1000～4000毫米。而昆仑山中西段南翼属高寒半荒漠和荒漠气候，最暖月平均气温4～6℃，年降水量20～100毫米。青藏高原日照充足，年太阳辐射总量140～180千卡/厘米^2，年日照总时数2500～3200小时。青藏高原和我国其他地区相比，冰雹日数最多，一年一般有15～30天，其中西藏那曲甚至多达53天。

（2）气候分区

青藏高原可分为喜马拉雅山南翼热带山地湿润气候地区、青藏高原南翼亚热带湿润气候地区、藏东南温带湿润高原季风气候地区、雅鲁藏布江中游（即三江河谷、喜马拉雅山南翼部分地区）温带半湿润高原季风气候地区、藏南温带半干旱高原季风气候地区、那曲亚寒带半湿润高原季风气候地区、羌塘亚寒带半干旱高原气候地区、阿里温带干旱高原季风气候地区、阿里亚寒带干旱气候地区、昆仑寒带干旱高原气候地区10个气候区。

（3）产生的影响

青藏高原是北半球气候的启张器和调节器。该地区的气候变化不仅直接引发中国东部和西南部气候的变化，而且对北半球气候有巨大的影响，甚至对全球的气候也有明显的调节作用。

姚檀栋院士在接受中国科学报记者采访时强调，在全球持续变暖条件下，喜马拉雅地区冰川萎缩可能会进一步加剧，而帕米尔地区冰川会进一步扩展。冰川变化的潜在影响是，将使大河水源补给不可持续且地质灾害加剧，如冰湖扩张、冰湖溃决、洪涝等，这将影响其下游地区人类的生存环境。姚檀栋院士进一步指出，青藏高原及其周边地区拥有除极地地区之外最多的冰川，这些冰川位于许多著名亚洲河流的源头，并正经历大规模萎缩，这将对该区域大江大河的流量产生巨大影响。

2. 地貌特征

青藏高原密布高山大川，地势险峻多变，地形复杂，其平均海拔远远超过同纬度周边地区。青藏高原各处高山参差不齐，落差极大，海拔4000米以上的地区占青海全省面积的60.93%，占西藏全区面积的86.1%。该地区内有世界第一高峰珠穆朗玛峰，也有海拔仅1503米的金沙江；喜马拉雅山平均海拔在6000米左右，而雅鲁藏布江河谷平原海拔仅3000米。总体来说，青藏高原地势呈西高东低的特点。相对高原边缘区的起伏不平，高原内部反而存在一个起伏度较低的区域。

青藏高原是一个巨大的山脉体系，由山系和高原面组成。由于高原在形成过程中受到重力和外部引力的影响，因此高原面发生了不同程度的变形，使整个高原的地势呈现出由西北向东南倾斜的趋势。高原面的边缘被切割形成青藏高原的低海拔地区，山、谷及河流相间，地形破碎。

青藏高原边缘区存在一个巨大的高山山脉系列，根据走向可分为东西向和南北向。东西向山脉占据了青藏高原大部分地区，是主要的山脉类型（从走向划分）；南北向山脉主要分布在高原的东南部及横断山区附近。这两组山脉组成地貌骨架，控制着高原地貌的基本格局。东西向山脉平均海拔普遍偏高，除祁连山山顶海拔为4500～5500米之外，昆仑山、喀喇昆仑山等山顶海拔均在6000米以上。许多次一级的山脉也间杂其中。两组山脉之间有平行峡谷地貌，还分布有大量的宽谷、盆地和湖泊。

　　青藏高原分布着世界中低纬度地区面积最大、范围最广的多年冻土区，占中国冻土面积的70%。其中青南（青海南部）—藏北（西藏北部）冻土区又是整个高原分布范围最为广泛的，约占青藏高原冻土区总面积的57.1%。除多年冻土之外，青藏高原在海拔较低区域内还分布有季节性冻土，即冻土随季节的变化而变化，冻结、融化交替出现，呈现出一系列冻融地貌类型。另外，青藏高原也广泛分布着冰川。

川藏线	青藏线
新藏线	滇藏线

3. 动物资源

在低等动物方面，仅西藏就有水生原生动物458种，轮虫208种，甲壳动物的鳃足类59种，昆虫20目173科1160属2340种。

据不完全统计，生长在青藏高原的动物中，陆栖脊椎动物有1047种，其中特有种有106种。在这些陆栖脊椎动物中，哺乳纲有28科206种，占全国总种数的41.3%；爬行纲有8科83种，占全国总种数的22.1%；鸟纲有63科678种，占全国总种数的54.5%；两栖纲有9科80种，占全国总种数的28.7%。在已列出的中国濒危及受威胁的1009种高等动物中，青藏高原有170种以上，已知高原上濒危及受威胁的陆栖脊椎动物有95种（中国现列出301种）。

藏羚羊｜藏野驴

黑颈鹤｜盘 羊

4. 植物资源

  青藏高原有维管束植物1500属12000种以上，占全国总属数的50%以上，占全国总种数的34.3%。

  青藏高原的植物种类十分丰富，据粗略估计种子植物约10000种，即使把喜马拉雅山南翼地区除外也有8000种之多。但是高原内部的生态条件悬殊，植物种类数量的区域变化也十分显著。如高原东南部的横断山区，自山麓河谷至高山顶部具有从山地亚热带至高山寒冻风化带的各种类型的植被，是世界上高山植物区系植物种类最丰富的区域，植物种类在5000种以上。而在高原腹地，植物种类急剧减少，如羌塘高原具有的种子植物不及400种，再进到高原西北的昆仑山区，生态条件更加严酷，植物种类也只有百余种。可见，整个高原地区植物种类分布特点是东南多、西北少，从东南向西北呈现出明显递减的变化趋势。

| 多刺绿绒蒿 | 唐古特虎耳草 |
| 西藏风毛菊 | 长鞭红景天 |

五条主要进藏公路简介

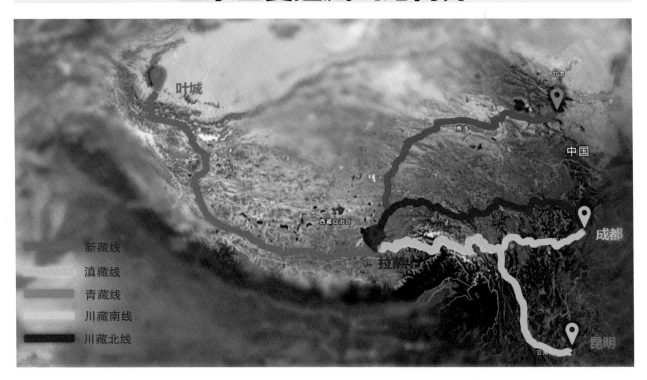

1.川藏南线

（1）概况

　　川藏南线起点是四川省成都市，终点是西藏自治区拉萨市。全程走318国道，其间交会108国道、214国道。

　　川藏南线于1958年正式通车，从雅安起与108国道分道，向西翻越二郎山，沿途越过大渡河、雅砻江、金沙江、澜沧江、怒江上游，经雅江、理塘、巴塘，过竹巴龙金沙江大桥入藏，再经芒康、左贡、邦达、八宿、然乌、波密、通麦、林芝、八一、工布江达、墨竹工卡抵拉萨。相对川藏北线而言，川藏南线所经过的地方多为人口相对密集的地区。沿线都为高山峡谷，风景秀丽，尤其是被称为"西藏江南"的林芝地区。但南线的通麦一带山体较为疏松，极易发生泥石流和塌方。

　　川藏南线成都至雅安段由川西平原向盆地低丘行进，全程为高速公路。雅安至康定段处于川西高原，即青藏高原东南低缘，特别是在雅安天全县境内曾有"川藏公路第一险"之称的二郎山，地势逐步抬升，山河走势沿南北线呈纵向分布，公路基本是越山再沿河，再越山再沿河往西挺进。二郎山海拔3500米左右，越山后，泸定至康定间的瓦斯河一段，雨季时柏油路面常被漫涨的河水或淹没或冲毁，时有泥石流发生。出康定即翻越山口海拔4298米的折多山。此山是地理分界线，西面为高原隆起地带，有雅砻江；东面为高山峡谷地带，有大渡河。折多山是传统的藏汉分野线，此山两侧的人口分布，生产、生活状态等都有较显著的差异。大渡河流域在民族、文化形态等方面处于过渡地带，主要分布着有"嘉绒"之称的藏族支系。其地域往北可至四川省阿坝州的大小金川一带。折多山以东属亚热带季风气候，基本处于华西雨屏带中，植被茂密，夏季多雨，冬季多雪，地表水及河流对山体和路基的冲蚀和切割作用明显；折多山以西属亚寒带季风气候与高原大陆性气候的交会区，气候温和偏寒，亦多降雨，缓坡为草，低谷为林，且多雪峰及高山湖泊。折多山至巴塘一段海拔4000米左右，由东往西有剪子弯山、高尔寺山、海子山等平缓高山。理塘是川藏南线重要的分路点，往北可抵新龙和甘孜，往南则抵稻城、乡城、得荣等地。宽阔平坦的理塘地处毛垭大草原，是川藏南线平均海拔最高的县，号称"世界高城"。巴塘往西逐渐进入金沙江东岸谷地，地宽而略低，是藏族传统的优良农区。但巴塘地处地质板块的吻合带，常有地震发生。过竹巴龙金沙江大桥后，川藏线进入著名的南北纵向横断山脉三山三江地带。公路由此进入长达800余千米的、不断上升的"漕沟状地质破碎路段"。西藏波密至排龙一段，雨季时肆虐的泥石流及山体滑坡令大地几成"蠕动状"，其威力足以使车行此地的人胆战心惊，直至翻过西藏林芝县境内的色季拉山口情况才有所缓和。此段有盘不完的山，蹚不完的河。川藏线上几乎所有的天险都集中在这一段。色季拉山口特别是林芝后，全为高等级公路，直到拉萨。

（2）全程

成都→147千米→雅安→168千米→泸定→49千米→康定→75千米→新都桥→74千米→雅江→143千米→理塘→165千米→巴塘→36千米→竹巴龙→71千米→芒康→158千米→左贡→107千米→邦达→94千米→八宿→90千米→然乌→129千米→波密→89千米→通麦→127千米→林芝→19千米→八一→127千米→工布江达→206千米→墨竹工卡→68千米→拉萨。

2.川藏北线

（1）概况

川藏北线起点是四川省成都市，终点是西藏自治区拉萨市。全程走317国道，其间交会213国道、214国道、109国道。

从成都出发北上，在映秀镇往西，穿过卧龙自然保护区，翻越终年云雾缭绕的巴郎山（海拔4520米），经小金县，抵丹巴。进入甘孜藏族自治州后，经道孚、炉霍、甘孜、德格，过岗嘎金沙江大桥入藏，再经江达、昌都、丁青、巴青、那曲、当雄至拉萨。

相对川藏南线而言，川藏北线所过地区多为牧区（如那曲地区），海拔更高，人口更为稀少，景色更为原始、壮丽。与南线新都桥至巴塘一段相比，北线新都桥至德格一段基本是沿鲜水河、雅砻江而上，时有草场、峡谷、河水、河原等地形，不似南线那般高海拔和平缓。其中，丹巴是嘉绒藏族的主要分布区，毛垭大草原一带以风光和人文见长，道孚、炉霍等地民居冠绝康巴藏区乃至整个藏区，甘孜县河谷是康巴藏区优良的农区，而马尼干戈、新路海、雀儿山一带自然风光优美，德格是整个藏区的文化中心。

川藏北线沿途最高点是海拔4916米的雀儿山，景色奇丽，冰峰雪山美若云中仙子。石渠有康巴藏区最美的草原，如由石渠进入青海玉树藏族自治州，经玛多、温泉，可直达青海省首府西宁或青海湖。沿途高原湖泊、雪山、温泉密布，极少有旅游者涉足，是备受越野探险者推崇的绝佳线路。

（2）全程

成都→383千米→丹巴→160千米→道孚→72千米→炉霍→97千米→甘孜→95千米→马尼干戈→112千米→德格→24千米→岗嘎金沙江大桥→85千米→江达→228千米→昌都→290千米→丁青→196千米→巴青→260千米→那曲→164千米→当雄→153千米→拉萨。

3.青藏线

（1）概况

青藏线起点是青海省西宁市，终点是西藏自治区拉萨市。全程走109国道，其间交会317国道、318国道。

青藏公路于1950年动工，1954年通车，是世界上海拔最高、线路最长的柏油公路，也是目前通往西藏里程较短、路况最好且最安全的公路。沿途风景优美，可看到草原、盐湖、戈壁、高山、荒漠等景观。一年四季通车，是五条进藏路线中最繁忙的公路，司机长时间开车易疲劳，因此交通事故也多。沿途不时会看到翻到路基下的货车，所以走青藏线要特别小心。

青藏公路为国家二级公路干线，路基宽10米，坡度小于7%，最小半径125米，最大行车速度60千米/小时，全线平均海拔在4000米以上。登上昆仑山后高原面是古老的湖盆地貌类型，起伏平缓，共修建涵洞474座、桥梁60多座，总长1347千米。

（2）全程

西宁→123千米→倒淌河→196千米→茶卡→484千米→格尔木→269千米→五道梁→150千米→沱沱河→91千米→雁石坪→100千米→唐古拉山口→89千米→安多→138千米→那曲→164千米→当雄→75千米→羊八井→78千米→拉萨。

4.滇藏线

（1）概况

滇藏线起点是云南省昆明市，终点是西藏自治区拉萨市。前段走214国道，在芒康与川藏南线（318国道）相接。

滇藏公路的一条支线，是由昆明市经下关、大理、香格里拉、德钦、盐井，到川藏公路的芒康，然后转为西行到昌都或经八一到拉萨。昆明至芒康段，交通需要多站转驳，通过白族、纳西族、藏族等多个少数民族地区，民族风情浓郁。横贯横断山脉的滇藏公路，被金沙江、澜沧江、怒江分割，需翻越玉龙雪山、哈巴雪山、白马雪山、太子雪山及梅里雪山，还需穿过长江第一湾、虎跳峡等天然屏障。

（2）全程

昆明→418千米→大理→220千米→丽江→174千米→香格里拉→186千米→德钦→103千米→盐井→158千米→芒康→158千米→左贡→107千米→邦达→94千米→八宿→90千米→然乌→129千米→波密→89千米→通麦→127千米→林芝→19千米→八一→127千米→工布江达→206千米→墨竹工卡→68千米→拉萨。

5.新藏线

（1）概况

新藏线起点是新疆维吾尔自治区叶城县，终点是西藏自治区拉萨市。全程走219国道，在拉孜县转318国道到达拉萨市。

"行车新藏线，不亚蜀道难。库地达坂险，犹似鬼门关；麻扎达坂尖，陡升五千三；黑卡达坂旋，九十九道弯；界山达坂弯，伸手可摸天。"这段"顺口溜"在一定程度上反映了新藏线的路况。

在一代代建设者的努力下，曾经的天路已不再遥不可及：以前颠簸不已的土路现在基本为柏油路，以前给养补充都很困难的无人区路段现在沿路加油、吃饭都不成问题。

虽然新藏线路况和设施都已经有了极大的改善，但自然环境没有变，仍然充满了挑战。新藏公路在海拔4000米以上的路段有915千米，海拔5000米以上的路段有130千米，真可谓世界上海拔最高的公路了；再者，从喀什出发，海拔只有900多米，到西藏和新疆分界线的界山达坂海拔达5347米，高差近4500米；而且，新藏公路沿线多是空旷的无人区，给人以荒凉之感。此线路是对人的身体承受能力极限的挑战，是对人毅力的极大考验。不过也正因为如此，这段人烟稀少的路线一直保持着原始风貌，而且沿线风光秀丽，有神山圣湖的美景，有古格王国的神秘，有喀喇昆仑山的庄严，喜马拉雅山巍然耸立，吸引了不少探险爱好者。

（2）全程

叶城→243千米→麻扎→180千米→神岔口→183千米→铁隆滩→98千米→界山达坂→172千米→多玛→113千米→日土→117千米→噶尔（狮泉河）→300千米→门土→2千米→马攸木拉→236千米→仲巴→206千米→萨嘎→58千米→22道班→182千米→昂仁→53千米→拉孜→157千米→日喀则→213千米→曲水→49千米→堆龙德庆→11千米→拉萨。

川藏南线

1.来源概述

川藏南线是川藏公路南线的简称，是连通四川成都与西藏拉萨可通行汽车的第一条公路，中途有多个著名险段。川藏南线的前身是世界上地势最高、路况最为险峻的交通驿道——茶马古道。如今，川藏南线不仅仅是一条公路，更是通往极致美景的通道，从巴蜀文化的发源地成都市出发，经跑马溜溜的康定、摄影天堂新都桥、世界高城理塘、色彩斑斓的然乌湖、辽阔的邦达草原，最后抵达拉萨，全程2142千米。

从1950年4月开始，有11万军民参与了川藏公路艰苦的修筑。川藏北线于1954年12月正式通车，修筑过程中有2000多名军民献出了生命，此后，筑路大军又修筑了自东俄洛（新都桥所辖一行政村）经巴塘、芒康、左贡至邦达的南线段，川藏南线于1958年正式通车，被列为318国道的一部分。川藏南线从雅安起与108国道分开，向西翻越二郎山，沿途越过大渡河、雅砻江、金沙江、澜沧江、怒江上游，经雅江、理塘、巴塘，过竹巴龙金沙江大桥入藏，再经芒康、左贡、邦达、八宿、然乌、波密、通麦、林芝、八一、工布江达、墨竹工卡，最后抵达拉萨。

川藏南线在北纬30°线上，其所属的318国道被誉为"中国人的景观大道"。沿途有平原、高山、峡谷、河流、草原、冰川、森林、野花、海子、雪山、湖泊、温泉、民居等迥然不同的景象，触目可及，美到极致。翻越10余座海拔4000米以上的大山，跨过金沙江、澜沧江、怒江三条大江，在大地和云端不停舞蹈，奇美与奇险并存。同时，多样的民居式样、衣着、民族风情、语言乃至信仰标志，让人沉浸在一条丰富多彩的民族走廊里。

2.线路特点

川藏南线自东向西为成都—雅安—泸定—康定—新都桥—雅江—理塘—巴塘—竹巴龙—芒康—左贡—邦达—八宿—然乌—波密—通麦—林芝—八一—工布江达—墨竹工卡—拉萨，全长2142千米，属318国道。川藏南线是以康定为要点的川康公路和康藏公路的合称，沿途有多个著名险段。

川藏南线穿行于西藏东部的高山峡谷区。跨越金沙江、澜沧江、怒江、雅鲁藏布江和著名的念青唐古拉山脉、冈底斯山脉，在四川境内途经大渡河、雅砻江、二郎山、折多山、卡子拉山等。四川省雅安市天全县二郎山，是川藏公路从成都平原到青藏高原遇见的第一座高山，当年筑路部队在修建川藏公路的二郎山险峻路段时，每千米就有7位军人为它献出了生命。为了缅怀二郎山筑路烈士的丰功伟绩，天全县政府修建了筑路烈士墓园，立碑撰文，刻下了烈士们的不朽功绩。

川藏公路作为内地进出西藏的五条重要通道之一（另四条分别为青藏公路、青藏铁路、新藏公路、滇藏公路，其中滇藏公路的214国道在西藏芒康县与川藏公路会合），发挥着联系祖国东西部的交通枢纽作用，在军事、政治、经济、文化上都有不可替代的作用和地位。它不但是藏汉同胞通往幸福的"金桥"和"生命线"，而且是联系藏汉人民的纽带，更是中华民族勤劳智慧的结晶，具有极其重要的经济意义和军事价值。

川藏线穿越的横断山地区，在地质历史上位于古老的康滇古陆，2.5亿年以来一直未被海水淹没，为古代生物的繁衍提供了优越的自然条件。第四纪以来，由于南面的印度板块向北漂移，俯冲至欧亚板块之下的速度加快，青藏高原迅速抬升，形成了明显的垂直变化气候，这里的生物种群在适应环境的变化中，不断演化出新的种类。悠久的地质历史和复杂的自然环境，使我们在川藏线上不仅可以看到美妙奇特的自然景观，还可以看到大量的特有生物种类。这里分布着600种以上的脊椎动物、5000种以上的高等植物，其中约10%的种类为青藏高原特有，且不少种类属于国家重点保护的珍稀物种，动物有大熊猫、金丝猴、牛羚、白唇鹿、雪豹、矮岩羊，植物有珙桐、康定云杉、独叶草、四川牡丹、西康木兰、五小叶槭等。自17世纪以来，这里便成为世界各国冒险家的乐园，是公认的世界上生物多样性最丰富的地区之一，大量的奇花异木如杜鹃、报春、百合、槭树、冷杉、云杉等从这里被引种到国外，成为西方园林中的珍品。

3.沿途风景

　　川藏南线沿途有翻不完的山，蹚不完的水，一路上景观千变万化——有巍峨的高山峡谷，有一望无际的草原，有雪山草甸，还有沿途随处可见的经幡、玛尼石、寺庙等，充满了刺激，充满了魅力，被旅行、摄影爱好者称为"黄金线路"。

　　川藏南线沿途景点无数，有雄伟的二郎山，波涛汹涌的大渡河，情歌故乡、跑马溜溜的康定，藏式田园风光的摄影天堂新都桥，世界高城理塘，毛垭大草原，最后的香格里拉——稻城亚丁，雪域江南的弦子故乡巴塘，璀璨明珠芒康，风景如画的然乌，气候温润、植被茂密的林芝，还有巴松措、长青春科尔寺、巨柏林、尼洋河，每一处都能让人驻足不前，每一处都涤荡着心灵的尘埃。

理塘县毛垭大草原

川藏南线秋景

胡杨林

秋日胡杨

川藏南线秋景

4.海拔特点

　　川藏南线途经最高海拔4700米、有"世界高城"之称的理塘，一路跨越折多山、剪子弯山、卡子拉山、业拉山等数座海拔4000～5000米的高山，其中海拔5000米以上的高山有东达山和米拉山，海拔4000米以上的高山有10座。

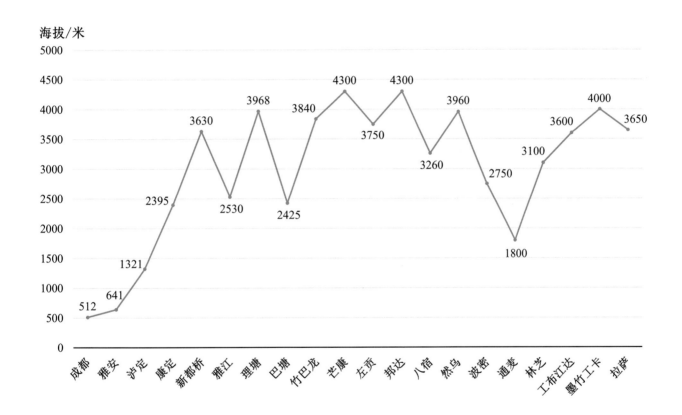

成都→康定

沿着318国道，从起点成都出发，经邛崃、雅安、天全、泸定等地到达康定，全程约364千米，沿途海拔逐渐攀升。2018年，雅康高速全线贯通，如果不走318国道，从成都出发全程走高速公路到康定仅需3～4小时。

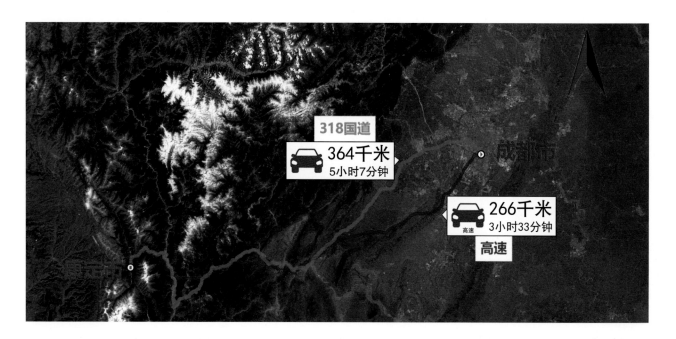

1.行政区域

（1）雅安

雅安市位于川藏、川滇公路交会处，距成都120千米，是四川盆地与青藏高原的过渡地带，既是汉文化与少数民族文化结合的过渡地带，也是现代城市与原始自然生态区结合的过渡地带，是古南方丝绸之路的门户和必经之路，曾为西康省省会。它是四川省历史文化名城和新兴旅游城市，有"雨城"之称。北为阿坝藏族羌族自治州，西与南分别为甘孜藏族自治州和凉山彝族自治州，东面有成都、眉山、乐山3市。雅安市域呈南北较长、东西较狭的不规则形状，素有"川西咽喉""西藏门户""民族走廊"之称。

①历史沿革。

雅安境内有人类活动的历史可以追溯到旧石器时代，位于雅安市汉源县富林镇的一处被命名为"富林文化"的遗址是我国南方旧石器时代晚期重要的文化遗址。

公元前316年，秦灭蜀，置蜀郡；在该地开青衣道，置邮传。之后，羌人沿青衣江迁入雅安，是为青羌，即青衣羌国故地。

公元前222年，秦灭楚，徙楚遗族严道（庄道）以实于此地，置严道县（今荥经县，位于雅安市中部，是古代南丝绸之路的重要驿站），隶属蜀郡，这是雅安最早的建置。

隋仁寿四年（604年），废郡置雅州。

清雍正七年（1729年），雅州升为府治，雅州府时期是雅安历史上辖境最广阔的时期。

1939年，建西康省，雅安属西康省第二行政督察区。

1950年，雅安解放，设雅安专区，雅安为西康省省会。

1955年，撤销西康省，雅安专区并入四川省。

1981年，改称雅安地区。

2000年12月，撤销雅安地区设立雅安市（地级市）。

②地理环境。

◇位置：雅安市位于四川省中部、四川盆地西部边缘，东邻成都、眉山、乐山三市，南接凉山彝族自治州，西接甘孜藏族自治州，北连阿坝藏族羌族自治州。

◇地貌：全市面积15046平方千米，山地占总面积的94%，平原占6%，下辖2区、6县。境内有夹金山、二郎山、大相岭、青衣江、大渡河、周公河等山脉河流。雅安市域位于四川盆地西缘山地，跨四川盆地和青藏高原两大地形区，为四川盆地到青藏高原的过渡地带，地势北、西、南三面较高，中部、东部较低，最高点为西南缘石棉、康定、九龙三县交界的神仙梁子，主峰海拔5793米。雅安市境内山脉纵横，地表崎岖，地貌类型复杂多样，山地多，丘陵和平坝少且多分布于河谷两侧，仅占市域面积的6%，海拔500~1000米的地区分布在中部雨城区和名山县一带，占市域面积的4%；海拔1500~3500米的地区分布最广，约占市域总面积的60%以上；高山地带即海拔3500~5000米的地区占市域总面积的6%，多分布于宝兴县、天全县西北部和石棉县西南部及芦山县北端，相对高差1000~2000米。境内主要山地均属邛崃山脉和大雪山脉，东南缘主要为南北向的小相岭北段。大相岭是大渡河、青衣江的主要分水岭，为雅安市域自然地理的重要分界线。

◇气候：属于亚热带季风性山地气候，气温垂直变化显著。年太阳总辐射量较低，降水多，"夏多暴雨，秋多绵雨；夜雨偏多"，因此雅安有"雨城"之称。雅安市年平均气温多在14℃以上，海拔1721米的周公山，年平均气温也有13℃，海拔仅2000米以上的个别高山，1月平均气温在0℃以下。

◇水文：雅安市内河流有属于长江流域的岷江水系，还有以大相岭为天然分水岭的北部的青衣江水系和南部的大渡河水系。市内地形切割强烈，山脉纵横，降水丰沛，因而水系发达，水网密集。全市流域面积达30平方千米以上的河流有131条，其中超过1000平方千米的河流有11条。河网密度每平方千米0.24千米，是全国河网密度（每平方千米0.045千米）的5.3倍。其中两大水系较大的支流有青衣江水系的周公河、荥河、经河、宝兴河、天全河、芦山河，大渡河水系的田湾河、安顺河、南垭河、流沙河等。青衣江下游段河谷开阔、阶地宽平，多冲积平坝，有利于农业生产。

③生态环境。

雅安空气质量较好，多数时间优于国家二级标准，水力资源理论蕴藏量1601万千瓦。境内生态环境好，森林覆盖率超过69%，居四川省第一位。雅安市内分布野生动物700余种，有大熊猫等国家一级保护动物19种；分布植物3000余种，有珙桐等国家一级保护植物约8种。

④自然资源。

◇水资源：雅安市水资源总量184.6亿立方米，工程蓄引提水能力5.8亿立方米，人均水资源1.2万立方米。水域面积287平方千米，占雅安市总面积的1.91%。雅安市内水力资源理论蕴藏量1601万千瓦，其中可开发装机总容量达1322万千瓦。大渡河流域水力资源可开发量1016万千瓦，水电开发程度居全省第一位，是国家规划十大水电基地之一。青衣江流域水力资源可开发量306万千瓦。

◇矿产：雅安市已知矿种有煤炭、泥炭、天然气、煤成气、铁矿、钴矿、锰矿、钛矿、铜矿、铅矿、锌矿、铝土矿、镍矿、高岭土、膨润土、陶瓷用黏土、饰面用花岗岩、饰面用大理岩、砖瓦用页岩、砖瓦用泥岩、砂石、砂岩等56种，矿产地620处。已探明矿产资源储量的矿种有煤炭、铁矿、锰矿、铜矿、铅矿、锌矿等30种。

◇植物：雅安市分布植物185科869属3000多种，其中木本植物97科890种。被列入《国家重点保护野生植物名录》一级的有8种，二级的有21种，占全省总数的35.7%。野生药用植物1200余种，约占全省已知种类的40%。常用中药材425种。

◇动物：雅安市分布有陆生野生动物兽类470余种，野生鸟类330余种。被列入《国家重点保护野生动物名录》的有65种，占全省总数的44%；省重点保护动物20余种，占全省总数的26%。

（2）泸定

泸定县位于四川省甘孜藏族自治州东南部，地处青藏高原向四川盆地过渡地带，东与天全县、荥经县接壤，西与康定、九龙毗邻，南连石棉县，是进藏出川的必经之地。

泸定是全州面积最小、人口文化程度相对较高、人口最稠密、经济发展较快的山区多民族聚居县，也是甘孜州东部区域的商贸中心和州内各县农副产品的供应基地，被誉为甘孜州"东大门"，享有"红色名城"美誉。2018年8月，经省政府批准，泸定正式退出贫困县序列，成为全省第二批和全州首个摘掉贫困县"帽子"的县，成为"全省2017年摘帽工作先进县"。

①历史沿革。

泸定县历史悠久，地建笮都县始于汉初。

清康熙四十五年（1706年），四川巡抚奏准在大渡河的安乐（藏语称阿垄）修建铁索桥，桥成后康熙帝赐名"泸定桥"，置县时便以桥名取县名。

1912年，设泸定县和化林县。

1913年，改化林县为县佐，泸定始为单一的县，隶属西康省政府。

1955年，西康省撤销，划入四川省，泸定属雅安专区。

1957年，泸定县归属于甘孜藏族自治州。

2004年，泸定县辖泸桥、冷碛、磨西、兴隆4个镇，岚安、烹坝、田坝、杵坭、加郡、德威、新兴、得妥8个乡。

2016年，经四川省人民政府批准，得妥、烹坝、新兴3个乡撤乡建镇。至此，泸定县辖泸桥、冷碛、磨西、兴隆、得妥、烹坝、燕子沟7个镇，岚安、田坝、杵坭、加郡、德威5个乡。

2019年，调整部分行政区划，泸定县辖泸桥镇、燕子沟镇、冷碛镇、磨西镇、兴隆镇、德威镇、得妥镇、烹坝镇8个镇和岚安乡1个乡。

②地理环境。

◇位置：泸定县位于四川省甘孜藏族自治州东南部、四川省西部二郎山西麓，东经101°46′～102°25′，北纬29°54′～30°10′。泸定位于邛崃山脉与大雪山脉之间，大渡河由北向南纵贯全境。

◇地貌：泸定县地处青藏高原东部边缘，位于川西高山最深陷之峡谷区。地貌类型从低山、中山峡谷区直至高山、极高山区。山体呈南北走向，全县境内高山林立，谷深壁陡，沟壑交错，许多山峰海拔在4000米以上，其中与康定县接壤处的贡嘎山主峰海拔7556米，为四川省最高峰，被誉为"蜀山之王"。泸定县内山高坡陡，高差悬殊，形成了岩体破碎、岩石裸露的特殊地貌特征，境内平坝、台地、山谷、高山平原、冰川俱全。

◇气候：泸定是典型的高山峡谷区，高山终年白雪皑皑；受东南、西南季风和青藏高原冷空气双重影响，海拔1800米以下地区属亚热带季风气候，为有名的干热河谷地区。泸定县气候冬无严寒，夏无酷暑。冬季干燥温暖，平均气温7.5℃；夏季温凉湿润，平均气温22.7℃。年平均气温15.5℃，年降水量664.4毫米，年蒸发量

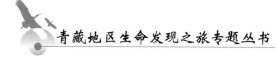

1275.7毫米，年平均日照时数为1323.6小时，全年无霜期279天。从河谷到谷岭气候、植被等呈明显的垂直变化规律，属典型的立体气候，国内罕见。

◇水文：泸定县最大的河流是大渡河，其他的有48条常年流水的山溪，流域面积达2020.7平方千米。泸定水能资源蕴藏丰富，水资源总量为18.75亿立方米，平均径流深927.9毫米，水力理论蕴藏量为186.079万千瓦。已建成的泸定水电站、大岗山水电站（泸定部分）以及正在建设的硬梁包水电站的总装机容量达347.2万千瓦。

③生态环境。

泸定县城海拔1321米，全县境内海拔高差悬殊达6570米。泸定县森林面积82438.5公顷，森林覆盖率38.78%，境内野生生物资源种类繁多，具有很高的经济开发价值，开发潜力巨大。具有开发价值的特色生物资源有药用植物、野生食用菌、山野菜资源等。

④自然资源。

◇矿产：泸定县位于康滇地轴北缘，南北地震带东侧，境内广泛出露各地质时代的各类岩层，为形成各种矿产提供了良好的地质成矿条件和场地。境内矿产种类较多，储量大，品位高，极具开发潜力，现已探明的有铅、锌、铬、钨、黄金、云母、石棉、锰、大理石、花岗石、汉白玉、石灰石、石膏、煤及矿泉水和温泉等矿产资源30余种；已基本探明储量的有铅锌22万吨、锰35万吨、铁218万吨、银25万吨、硅石5000万吨、石灰石2500万吨、石膏15万吨、矿泉水年流量64万立方米、花岗石19亿立方米。

◇生物：泸定县生物资源丰富，动植物形态各异、种类繁多。其中药用生物资源蕴藏量较大，中药材资源达700多种，约占全州已知种类的30%，常年被收购的药用植物有50多种，年收购量在30万～40万千克之间。主要有冬虫夏草、贝母、天麻、大黄、薯蓣、重楼、杜仲、当归、党参、独活、首乌等。野生食用菌主要有松茸、木耳、羊肚菌、荞巴菌、鸡蛋菌、珊瑚菌、猴头菌等。珍稀植物种类较多，主要有红豆杉、康定木兰、连香树、麦吊杉、银杏等。野生动物达250余种，其中有国家一级保护野生动物11种，国家二级保护野生动物49种。海螺沟内的常绿阔叶林带和针阔混交林带，是牛羚、猕猴、大熊猫、小熊猫、马麝、岩羊、红腹角雉等珍稀动物的主要栖息地，沟内还有斑蝶、三尾凤蝶，属世界珍品。

泸定县

泸定县大渡河

（3）康定

　　康定市位于四川省甘孜藏族自治州东部，是甘孜州州府。康定市具有悠久灿烂的历史文化，是川藏咽喉，茶马古道重镇、藏汉交会中心。康定自古以来就是康巴藏族聚居区政治、经济、文化、商贸、信息中心和交通枢纽。全市面积1.16万平方千米，是以藏族为主，汉、回、彝、羌等多民族聚居的城市。

　　①历史沿革。

　　康定市是中国西部地区重要的历史文化名城。古为羌地，三国蜀汉时期称"打箭炉"；汉，隶沈黎郡；隋，为嘉良地；唐，县境东北部为中川、会野等羁縻州，属吐蕃；元，置宣抚司；宋、明继之。

　　明崇祯十二年（1639年），固始汗在木雅设置营官。

　　清光绪二十九年（1903年），升为直隶厅，隶建昌道。

　　清光绪三十四年（1908年），改为康定府。

　　1950年，属西康省藏族自治区，康定为西康省藏族自治区人民政府驻地。

　　1955年，属四川省甘孜藏族自治州，康定仍为州府驻地。

　　2015年，撤县设市，以原康定县的行政区域为康定市的行政区域。

②地理环境。

◇位置：康定市位于甘孜州东部，北纬29°39′～30°45′，东经101°33′～102°38′。东与宝兴、天全、泸定、石棉县交界，南接九龙、木里县，西邻雅江县，北靠小金、丹巴、道孚县。

◇地貌：康定地处四川盆地西缘山地和青藏高原的过渡地带。地势由西向东倾斜，东西最宽140千米，南北最长180千米。大雪山中段的海子山、折多山、贡嘎山由北向南纵贯全境，将康定分为东西两个部分，东部为高山峡谷，多数山峰海拔在5000米以上，海拔7556米的"天府第一峰"贡嘎山在康定市东南部；康定西部和西北部为丘状高原及高山深谷区。

◇气候：康定按地理纬度本应属于亚热带气候，但该地地形复杂，气温垂直差异明显，因此形成了独特的高原型大陆性季风气候。康定市年降水量800～950毫米，无霜期150～250天。由于地貌气候复杂多样，康定有"一山有四季，十里不同天"之说。

③生态环境。

康定地形复杂，生态环境多样。康定市东部为高山峡谷，属亚热带气候，这里物产丰富，有"康巴江南"之誉；西部为山原地貌，属高原型大陆性季风气候，这里牛羊遍野，寺塔林立，是藏族聚居区风情的典型代表。

康定市森林保有量44.35万公顷，湿地保有量2.2万公顷，自然保护区保有量1784平方千米，耕地保有量13.2万亩（1亩约为666.67平方米）。已入选全省森林草原湿地生态屏障重点市，荷花海高山栎原始林及高山杜鹃林被评为"2017中国最美森林"。全市环境空气质量、地表水监测断面水质、饮用水源地水质达标率均接近100%。

④自然资源。

康定自然资源极为丰富，已探明具有开发前景的有金、银、锂、铅、锌等稀有贵金属，硅、石膏、水晶等非金属储量也很大，在四川省乃至全国均占有重要地位。野生动植物资源十分丰富，属于国家级生物多样性生态功能区的核心区。有野生动物300余种，是大熊猫、云豹、白唇鹿、小熊猫等珍稀物种的重要栖息地。麝香、鹿茸、虫草、贝母、大黄、天麻等名贵中药材众多，野生食用菌种类多、数量大、分布广。康定境内河流纵横，水量充沛，以大渡河为中心的水力资源水能蕴藏量达334万千瓦，可开发量为167万千瓦，同时地热资源极为丰富，有"温泉城"之称。

康定机场

2.沿途风景

（1）泸定桥

　　泸定桥是一座悬空架在大渡河上的铁索桥。1935年，红军长征路过此处，受敌阻击，经过两小时激战，以22位勇士为先导的突击队飞夺泸定桥，取得了长征中一次决定性胜利，泸定桥因此名扬中外。

　　1980年，泸定县在桥东修建了泸定桥革命文物陈列馆，在距桥约500米的河西沙坝建成了红军飞夺泸定桥纪念碑。1961年3月4日，泸定桥被国务院确定为首批全国重点文物保护单位；1992年被四川省委、省人民政府确定为四川省青少年爱国主义教育基地；1996年被中宣部、国家教委、团中央、文化部等六部委确定为全国中小学爱国主义教育基地；2001年被中宣部确定为全国爱国主义教育示范基地。

（2）燕子沟

燕子沟风景区位于"蜀山之王"贡嘎山东麓、泸定县西南部。被称为"东方阿尔卑斯"，是国家AAAAA级旅游景区海螺沟的姊妹沟。沟长40千米，景区面积143平方千米。年降雨量1200毫升，年平均气温8.5℃。燕子沟风景区有低海拔现代冰川、森林、山峰、温泉、冷泉，珍稀动植物，古朴秀丽的自然生态景观形成了她独特的魅力。

从沟口到贡嘎山主峰，海拔高差大，不同的海拔形成不同的植被带。沟内有植物4000余种，其中有观赏植物数百种、花卉200余种；有动物300多种，包括珍稀动物20余种，如小熊猫、羚羊、羚牛、猕猴等，犹以燕子沟三尾凤蝶、斑蝶为世界极品。

燕子沟内的原始森林

（3）海螺沟

　　海螺沟为国家AAAAA级旅游景区、国家级冰川森林公园、国家级地质公园、国家生态旅游示范区，位于四川省甘孜藏族自治州泸定县磨西镇，是贡嘎山风景名胜区和国家级自然保护区的重要组成部分。海螺沟发源于"蜀山之王"贡嘎山东坡，沟长约30.7千米，面积约220平方千米，海螺沟冰川形成于1600万年前，地质学界称其为现代海洋性冰川。

　　海螺沟地处中高山、高山、极高山地区，海拔高差6000米以上，形成了独特的7个植被带、7个土壤带，荟萃了中国大多数植物种类。沟内有高山雪峰、冰川、冰瀑、原始森林、地热温泉、野生动植物园、红石公园、冰川森林等景观景点。

海螺沟红石滩

（4）木格措风景区

木格措是国家AAAA级旅游景区、世界自然遗产提名地、国家级风景名胜区，由芳草坪、七色海、杜鹃峡、药池沸泉、野人海、红海、黑海等景点组成。景区以高原湖泊、原始森林、温泉、雪峰、奇山异石及长达8千米的千瀑峡构成了秀丽多彩的景观。景点配置巧夺天工，是一处集游览、娱乐、观赏、休息、疗养、健身、避暑、科考于一体的理想胜地。

木格措风景区

木格措野人海

（5）贡嘎山

　　贡嘎山风景区位于青藏高原东部边缘，横断山系的大雪山中段，位于大渡河与雅砻江之间。藏语中"贡"意为雪，"嘎"意为白，贡嘎山意为"洁白无瑕的雪峰"。山体南北长约60千米，东西宽约30千米，其主峰海拔7556米。贡嘎山被誉为"蜀山之王"，是横断山系的第一高峰，也是世界著名高峰之一。周围有海拔6000米以上的山峰45座，主峰及其周围姊妹峰终年白雪皑皑，晴天金光闪闪，阴天云海茫茫，姿态神奇莫测，可谓自然界一大奇观。

　　贡嘎山地区是现代冰川保存较完整的地区，冰川运动造就了举世罕见的冰川奇观。区内有大型冰川五条：海螺沟冰川、燕子沟冰川、磨子沟冰川、贡巴冰川、巴旺冰川。其中，海螺沟冰川海拔2850米，其冰瀑布高1080米，宽1100米，是我国最大的冰瀑布。

贡嘎山脉

康定→理塘

318国道川藏南线，从康定到理塘，全程约292千米，途经新都桥、雅江。离开康定，需要沿盘山公路攀爬川藏公路上的第一座雪山——折多山，又称康巴第一关，垭口海拔4298米。从康定到折多山，海拔骤升近1800米，温度十几摄氏度。然后沿着河谷一路向西，途经新都桥，这里海拔3630米。接着翻越康巴第二关——高尔寺山，垭口海拔4412米，目前全长约6千米的高尔寺隧道已贯通，从隧道出来之后，就到了雅江县。然后，连续爬坡翻越海拔4659米的剪子弯山、海拔4718米的卡子拉山，就到了此路段的终点站，也就是川藏线上海拔最高的县城——理塘。

292千米
5小时17分钟

1.行政区域

（1）雅江

雅江县位于四川甘孜藏族自治州南部，甘孜州理塘县与丹巴县交界的乌鲁山谷里。雅江藏语名为"亚曲喀"或"捻曲卡"，有"河口"之意，因该地属雅砻江重要渡口之一，后更名为雅江，面积7569平方千米。雅江县已经有4000多年历史，这座古老的小城历史文化底蕴非常深厚。

雅江县地处青藏高原东缘的高山峡谷与草原的过渡带，受复杂地形的影响，形成了独特而神奇的自然景观；又因雅江县位于康巴地区腹地，立于茶马古道上，积淀了丰富的康巴人文景观。因此，雅江享有"中国香格里拉文化旅游大环线第一县"和"茶马古道第一渡"之称。

雅江县城坐落在高山峡谷之中，海拔在3300米以上，因为它地处雅江两岸悬崖之上，故被称为"悬崖江城"。

①历史沿革。

东汉为白狼国地。隋为附国地。唐、宋属吐蕃。元属吐蕃等处军民宣慰使司。境内雅砻江以东地方，明代为长河西宁远鱼通宣慰司辖。

清康熙四十年（1701年）分属于里塘、明正两土司辖地，置呷拉、亚曲喀、八角楼、尼马中、八衣绒、夺雅中等土百户。

清康熙五十八年（1719年），于河口设渡口，驻兵镇守，雍正年间置德靖营。

清乾隆四十三年（1778年），置中渡汛。

清光绪三十四年（1908年），赵尔丰实行改土归流时，划出明正土司所属雅砻江以东各土百户地和里化崇西土司地河县，隶属康定府。

1914年，更名为雅江县，属川边行政区。

1936年，红军到达雅江，成立雅江县博巴政府。

1939年，属西康省第一行政督察区。

1950年，属西康省藏族自治区。

1955年，属四川省甘孜藏族自治州。

1990年，雅江县设4区，16乡，1镇。

②地理环境。

◇位置：位于甘孜藏族自治州南部，北纬29°03′～30°30′，东经100°19′～101°20′，东邻康定县，南接凉山州木里县，西南靠理塘县，北连道孚县、新龙县。县城距州府康定市147千米，离四川省省会成都513千米。

◇地貌：雅江地处川西北丘状高原山区，地势北高南低。位于横断山脉中段，大雪山脉与沙鲁里山脉之间的山原地带，县境西南部是极高山地貌，海拔在5000米以上；中部为河谷地貌；东北和西北部为山原地貌（山原，即一种平均高度较高、面积较大、构造复杂、总体上完整的大高原）。雅江县大部分地区海拔在3000米以上，山脊超过4000米、海拔5000米以上的山峰共有35座。

雅江，一座悬崖上的县城

◇水文：雅砻江由县城西北流入，鲜水河、卧龙寺沟、吉珠沟、霍曲诸水，从南流出境。

◇气候：属青藏高原亚湿润气候区，为青藏高原季风性气候，年平均气温11℃，1月平均气温1.4℃，7月平均气温18℃，年降水量650毫米，全年无霜期188天，年平均日照时数2319小时。

③生态环境。

雅江县地处横断山脉，境内群峰叠嶂，纵横交错。主要河流有雅砻江、鲜水河、霍曲河。雅江县森林覆盖率50.8%，318国道川藏公路横穿县境。这里生态环境优良，有鹿、獐、藏羚羊等珍稀动物；多数青杠树林生长在海拔3500米以上，为松茸生长提供了绝佳环境。

④自然资源。

雅江地域辽阔，资源丰富。现有森林面积172.97万亩，木材蓄积量2737.7万立方米。已勘明的矿产资源有锂、锡、金、云母、铅锌等12种，锂辉石矿石总储量8029万吨，矿化均匀，品质上乘。水利资源极其丰富，全县集雨面积80平方千米以上的河流有21条；雅砻江纵贯县境227千米，是梯级开发水利资源的理想河流。雅江年均产优质松茸1000余吨。2013年8月3日，中国食用菌协会授予雅江县"中国松茸之乡"称号；2014年，"雅江松茸"获得国家工商总局核准注册的"地理标志商标"。

雅江古道

（2）理塘

理塘县位于四川省西部、甘孜藏族自治州西南部的金沙江与雅砻江之间，横断山脉中段。"理塘"藏语"勒通"，意为"平坦如铜镜的草坝"，因县内有广袤无垠的毛垭大草原而得名。全县平均海拔4014米，县城驻地高城镇，距离州府康定285千米，距省会成都654千米，是国道318线和省道217线的接合部，又是成都—康定—理塘—亚丁—香格里拉旅游大环线上的中心城市，是甘孜州南部地区重要的物资中转地和商品集散地。

自古以来，理塘县茶马互市、商贾云集，是甘孜州南部的交通和商贸中心，亦称康南贸易中心，地理位置非常重要。全县有藏族、汉族、蒙古族、回族、纳西族、土家族、彝族、苗族、羌族9个民族；素有"西藏门户""康藏之窗""雪域圣地""圣地理塘""草原明珠""马术之乡""天空之城""世界高城"之称。

理塘县毛垭大草原

①历史沿革。

汉属白狼地。隋属利豆。唐属吐蕃。

元至元九年（1272年）置李塘城，后设奔不儿亦失刚招讨使司。

元至元二十五年（1288年），设钱粮总管府。

明置里塘宣抚司，后为扎兀东思麻千户所。

明末清初为固始汗属地。

清雍正七年（1729年），置宣抚司。

清光绪二年（1876年），改土归流，置里化县。

光绪三十二年（1906年），置理化县。

1912年，设里化府。

1914年，改置理化县。

1950年5月31日，理化县解放，翌年5月更名为理塘县。

1997年，理塘县辖1个镇，18个乡。

2021年10月，理塘县辖5个片区工委，22个乡（镇），149个行政村，6个社区。

②地理环境。

◇位置：理塘县位于四川省西部，甘孜藏族自治州西南部，属青藏高原东南缘，地处东经99°19′～100°56′，北纬28°57′～30°43′，金沙江与雅砻江之间，横断山脉中段，沙鲁里山纵贯南北。理塘县东毗雅江县，南邻木里县、稻城县、乡城县，西接巴塘县，北连白玉县、新龙县。

◇地貌：理塘县以丘状高原和山原地貌为主，兼有部分高山峡谷，西部、中部因造山运动而抬升，地势起伏较大，向东南和东北倾斜。境内山脉和水系呈南北走向，东西排列，山川河流相间，山地垂直分布明显。

理塘县内部地貌复杂，地形呈显著的垂直分布，由低到高依次出现中山、高山、极高山等类型，在山地窄谷、宽谷和高山顶部夷平面又出现台地、平坝、高山原等类型。

◇土壤：理塘县土壤有9个土类，13个亚类，其中以高山草甸土、暗棕壤、高山灌丛草甸土为主。土地资源大多分布在海拔3600～4600米之间，呈垂直分布，由低到高依次为耕地、林地、草地。

◇水文：理塘县河流较多，分为雅砻江与金沙江两大水系，主要有无量河、热依河、君坝河、桑多河、呷柯河、霍曲河、白拖河、那曲河、拉波河、章纳河等11条支流，其中8条注入雅砻江，3条注入金沙江。

理塘县河流面积524.62平方千米，占水域面积的96.39%，大小河流遍布全县，县境内河流总长达52462千米，年径流量76亿立方米。

◇气候：理塘属高原气候区，基本特征为气温低、冬季长、日照多、辐射强、风力大、水热同期、蒸发量大、干湿季节分明。年平均气温3.0℃，年平均地面温度5.9℃，年降水量为722.2毫米，全年无霜期仅50天，年平均日照时数2637.7小时，年太阳辐射量为159.4千卡/厘米^2，冬季干冷漫长，暖季温凉短暂。

③生态环境。

理塘县森林面积18375.73公顷，活立木蓄积量为51391343立方米。理塘县天然草地总面积1235.77万亩，可利用面积989.16万亩。草地植物资源比较丰富，能做牧草的有200余种，主要牧草品种有高山嵩草、四川嵩草、黑花薹草等。人工草地优质牧草有披碱草、燕草、白山叶、红山叶、黑麦、老芒麦、鸭茅等。理塘拥有海子山国家级自然保护区、格木县级自然生态保护区、下坝扎嘎神山自然保护区、无量河省级湿地公园、擦若溪风景名胜区等。拥有世界罕见的古冰貌景观——格聂古冰貌；全县野生动植物资源丰富，生态环境好。全县生态保护红线面积为7510.94平方千米，占全县总面积的52.33%，占全州生态保护红线面积的10.77%。

④自然资源。

◇水资源：理塘县水能资源丰富，水资源总量约108.5万立方米，电力理论蕴藏量80万千瓦。全县已建电站12座，总装机容量4965千瓦。流域面积在100平方千米以上的支流有48条。

◇植物：理塘县森林覆盖率为7.4%，主要树种有冷杉、云杉，其次是红杉、高山松、柏树、杨树、高山栎、桦树、柳树等。理塘县有较多的野生药用植物资源种类，主要包括虫草、川贝母、黄芪、大黄、党参、秦艽、木香、羌活、独一味、三颗针、一枝蒿、雪莲花等。既有名贵的药材品种，又有大宗药材品种，蕴藏量也较可观。野生经济植物主要有沙棘等，同时有一定数量的野生食用菌种，主要包括松茸、白菌、珊瑚菌、樟子菌、猴头菌和黑木耳等。

◇动物：理塘县生态资源丰富，野生动物主要有白唇鹿、扭角羚、林麝、猕猴、黑熊、水獭、猞猁、金猫、藏原羚、斑羚、岩羊、盘羊、草原雕、藏马鸡、重唇鱼等，既有国家一、二、三级保护野生动物，又有经济价值、科学研究价值较高的珍贵稀有动物。

2.沿途风景

（1）折多山

折多山属大雪山脉，既是大渡河、雅砻江流域的分水岭，也是汉藏文化的分界线。折多山西侧为青藏高原隆起地带，东侧则为高山峡谷地带。折多山最高峰海拔4962米，垭口海拔4298米，是川藏线上第一个需要翻越的高山垭口，因此有"康巴第一关"之称。"折多"在藏语中是弯曲的意思，折多山的盘山公路是名副其实的"九曲十八弯"。

折多山

折多山雪景

（2）新都桥

　　新都桥地处318国道川藏公路南、北线分叉路口，是一片如诗如画的世外桃源，是令人神往的"摄影天堂"。神奇的光线、无垠的草原、弯弯的小溪、金黄的白杨、连绵起伏的山峦，藏寨散落其间，牛羊安详地吃草……新都桥拥有美丽的川西平原风光。新都桥并没有突出的标志性景观，但沿线却有10余千米路段被称为"摄影家走廊"。

新都桥

新都桥旁的民居

（3）剪子弯山

剪子弯山位于雅江县香格宗乡西侧，呈西北—东南走向，为雅砻江与吉珠沟的分水岭。剪子弯山藏语名字为"惹玛那扎"，意为"羊子山口"。山口海拔4659米，是318国道途经康巴地区的最高山口之一。剪子弯山相对高度1000米以上，山脊海拔在4000米以上。东坡森林茂密，以云杉、冷杉、高云松、麻砾为主，西接卡子拉山，茂盛的牧草绵延至理塘。

剪子弯山

（4）茶马古道

茶马古道在雅江县境内，长度达187千米，有驿站遗址5处。"饥马恨草短，仆夫苦衣单。悲歌猛虎行，惆怅行路难。"这是清代诗人李苞对茶马古道苍凉景象的真实描述。那些用白色和黑色石块堆积的石堆，藏语名字为"多纳拉村"，意为"敬奉山神的黑色石堆"。千百年来，往来于茶马道上的脚夫行人经过这里时，若没有经幡和五色风马纸，就捡一块石头作为替代堆上去，以示敬奉山神，祈祷路途平安。这样的石堆在山尖或山口有多处，其中总重量不下百吨的有2处。它们默默地立在那里，向过往的行人诉说岁月的苍凉。往事越千年，如今，茶马古道已天堑变通途。

雅江县雅砻江——茶马古道第一渡

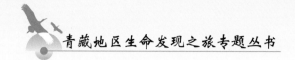

（5）格木自然生态保护区

理塘县格木乡格木自然生态保护区，位于理塘县城以东波密乡境内，由格木草原、扎哇拉山、充本拉山、罗措仁湖、格聂山等景区组成，集雪山、冰川、森林、草原于一体，以现代冰川、山峰、原始森林以及牧区草原等独特的自然景观而著称。景区有"一日四时季，十里不同天"的自然奇观，格木自然生态保护区距离稻城亚丁300多千米，有奇特的自然风光和古朴的民俗风情。

格木自然生态保护区

（6）毛垭大草原

毛垭大草原位于理塘县境内，属横断山脉沙鲁里山中段，海拔3800～4500米，分布在两山之间开阔悠长的浅盆状地带，面积300多平方千米。毛垭大草原地理环境得天独厚，草原深处散落着月牙形的淡水湖——若根错，该湖发源于格聂神山的无量河，河水蜿蜒贯穿毛垭大草原腹心，草原上立着的高大白塔，据说是文成公主进藏时所建的三大佛塔之一。

毛垭大草原

理塘→竹巴龙

　　川藏线理塘到竹巴龙段约201千米，此路段虽然里程不长，但通行比较艰难。从理塘继续沿着318国道往西，经过毛垭大草原，翻越海子山垭口以后，就到达了巴塘县，竹巴龙乡隶属巴塘县，位于川、滇、藏三省（区）接合部，属于旅游界所称的大香格里拉生态区，"川藏南线"也是大香格里拉连接西藏林芝的线路。

1.行政区域

（1）巴塘县

　　巴塘，川西一座低调而有内涵的县城。巴塘县位于川藏交界处，坐落在沙鲁里山脉的边缘地带。它的西侧是西藏的芒康县，金沙江是两省（区）的天然分界线，除此以外，西南角紧邻云南的德钦县。巴塘县相当于"川西的尽头"，走318国道就是从这里进入西藏的。无论是走古代的茶马古道还是今天的318国道，巴塘都是进藏前的最后一站。巴塘有着"高原江南"的绰号，这里气候宜人，农牧兼具，县城建筑风格统一，充满了藏族特色。

①历史沿革。

巴塘,古为部落之地。周曰戎。秦称西羌。汉属白狼国。从东汉末年到魏晋南北朝,白狼国一直立于西南部落之林。

唐乾封二年(667年),白狼国被西藏吐蕃王朝第三十二世赞普松赞干布消灭,从此巴塘受吐蕃控制。

明隆庆二年(1568年),云南丽江土知府纳西族木氏土司攻占巴塘。

明崇祯十二年(1639年)末,巴塘受青海和硕特部固始汗控制。

清康熙三年(1664年)始,西藏管理巴塘55年。

清康熙五十八年(1719年),巴塘归清廷所辖。

清雍正四年(1726年),巴塘划入四川。

清光绪三十四年(1908年),巴塘改为巴安县,同年升为巴安府,此为巴塘县治之始。

1914年,巴安县隶属川边特别行政区。

1950年8月,巴安县临时人民政府成立。

1951年3月,正式成立巴安县人民政府;10月,巴安县改为巴塘县。

1955年10月至今,巴塘县改属四川省甘孜藏族自治州。

②地理环境。

◇位置:巴塘县位于四川西部青藏高原东南缘,金沙江中游东岸的川、滇、藏三省(区)接合部,属于"大香格里拉"范围。东接乡城、理塘县,南连得荣县,西隔金沙江与西藏芒康县、盐井县、贡觉县和云南省德钦县相望,北与白玉县交界。地理坐标东经98°57′~99°44′,北纬28°44′~30°37′。

◇地貌:巴塘县地处横断山脉北端、金沙江东岸的河谷地带,横断山脉纵贯全境,其地形随金沙江走向由北向南倾斜,北高南低,东高西低。北部极高山区平均海拔3300米。中南部高山峡谷区海拔一般在2800米以下。中东部半高山、高山区海拔一般在2800~3300米之间。

◇气候:巴塘县受海拔、南北走向的山脉和大气环流的影响,属高山高原气候。巴塘县内春季气温回升快。夏季最高气温可在35℃以上,昼夜温差大,有效积温高。巴塘县内雨季主要集中在6—9月,秋季由于冷热气流交替,小气候频繁。冬季,天气变冷,最低气温在-10℃以下,雨雪天气较少。

◇水文:巴塘县境内河流均属金沙江水系。金沙江由北向南贯穿县境西部。金沙江在巴塘县全长167.1千米,平均流量为每秒943立方米,年总径流量为297.19亿立方米。巴塘县有大小湖泊107个;有长期流水的溪沟50余条,其中流域面积在100平方千米以上的有19条,可利用河川年径流量达19.6亿立方米。

③生态环境。

巴塘县位于金沙江干热河谷地带,地处高原腹地,生态环境良好,污染少,气候和区位优势明显,被称为甘孜州的"高原江南"和"水果之乡"。境内有竹巴龙自然保护区,保护区总面积达28198公顷,属四川省重点保护野生动物矮岩羊的繁殖地,据2014年统计数据,保护区内生活着全世界濒临绝迹的矮岩羊100余只。

④**自然资源。**

◇水资源：巴塘县有鸳鸯、天鹅、仙鹤、水鸭等鸟类和水獭、甲鱼、土鱼等水产资源外，还有丰富的水利资源用于灌溉和发电。全县水利资源总量为36.6亿立方米，理论蕴藏量为63万千瓦，可开发量29万千瓦。

◇矿产：巴塘县境内已探明地下储藏有铁、锰、铜、铅、锌、锡、镁、铬、白云母、水晶、自然硫、石灰岩、白云岩、煤等。能源矿产主要分布于措拉、松多和拉纳山等地。特种非金属矿产主要分布于苏哇龙、中咱、茶洛一带。巴塘县的银储量2148.81吨，铅储量51.09万吨，锌储量18.68万吨。

◇土地：巴塘县总面积11772853.4亩。2013年，巴塘县实有耕地73910.2亩，占巴塘县总面积的0.63%，人均占有2.2亩；林地面积4623903.2亩，占巴塘县总面积的39.28%；园地面积13219.8亩，占巴塘县总面积的0.11%；牧草地5157138.8亩，占巴塘县总面积的43.81%，其中天然草地4983000亩。巴塘县土壤有10个土类，18个亚类，15个土属，35个土种。土类有潮湿土类、褐土类、灰褐土类、棕壤土类、暗棕壤土类、棕色针叶林土类、亚高山草甸土类、高山草甸土类、沼泽土类和高山寒漠土类。

（2）竹巴龙乡

"竹巴龙"为藏语，意为"船民居住的村庄"。因其古为金沙江渡口，故名竹巴龙，亦称竹巴笼。竹巴龙乡位于川、滇、藏三省（区）的接合部，是川藏线上四川界内的最后一站，沿着318国道行至竹巴龙乡，跨过金沙江后即进入西藏。

①**历史沿革。**

古时，竹巴龙乡为渡口。

清朝，属巴塘土司。

光绪三十四年（1908年），属西路保正。

1945年，属西区怀远乡。

1948年，属同化镇。

1958年6月，设竹巴龙乡，由中区管理。

1960年4月，设城关公社，竹巴龙乡受其管理。

1961年8月，撤城关公社，恢复竹巴龙乡建制。

1969年8月，改竹巴龙乡"革命委员会"。

1973年12月，改竹巴龙公社"革命委员会"。

1981年，改竹巴龙公社管理委员会。

1983年3月，改竹巴龙乡。

②**地理环境。**

竹巴龙乡位于川、滇、藏三省（区）的接合部。东邻亚日贡乡，北接竹巴龙乡水磨沟村，南靠苏哇龙乡归哇村，西与西藏芒康县朱巴龙乡隔金沙江相望。地理坐标东经99°00′～99°09′，南纬29°38′～29°48′。

③**自然资源。**

竹巴龙乡设有竹巴龙省级自然保护区，以保护矮岩羊等珍稀野生动物及自然生态系统为目的，是一个具有代表性的生物群落。保护区地理位置极为重要，是四川西北高原和青藏高原的主要过渡地带，属全球生物多样性核心地区之一的喜马拉雅横断山区。保护区内有落叶阔叶林、高山草甸等多种森林植被类型，地形复杂，物种丰富，自然环境好，受人类活动影响小。

2.沿途风景

（1）竹巴龙自然保护区

　　竹巴龙自然保护区是以保护矮岩羊等珍稀野生动物及其自然生态系统为主的自然保护区，是一个具有代表性的生物群落。保护区地处川、滇、藏交界的金沙江畔、横断山脉东南端，为青藏高原边缘的高山峡谷地带，总面积28198公顷。区内海拔2600～5248米，坡角多为30°～60°。区内植被主要有干河谷灌丛带，常绿阔叶林带，亚高山针叶林带，高山灌丛、草甸带，高山流石滩植被带。区内的珍稀兽类除矮岩羊外，其他较常见的还有斑羚、毛冠鹿、林麝、豺、丛林猫等。该保护区保持了典型的自然生态系统，是全球同纬度生态系统保存最完整的地区，在全球范围内都具有突出的代表性和典型性。

竹巴龙自然保护区

（2）金沙江大桥

　　金沙江大桥位于318国道川藏公路的川藏分界线上。2007年建成通车时，全长270米。2018年11月14日，白格堰塞湖泄洪致原金沙江大桥被冲毁。白格堰塞湖应急抢险指挥部待洪水消退、解除安全警戒后立即开展金沙江大桥灾毁恢复工程。2021年12月29日，大桥建成正式通车。该桥全长361.54米，共15孔，桥墩均采用圆形双柱式墩，双向两车道，设计速度40千米/小时，桥面全宽11.5～19.1米。该桥是连接四川甘孜州巴塘县和西藏昌都芒康县的重要通道，是国道318线上出川进藏的关键要塞。

金沙江大桥峡谷路段

竹巴龙→左贡

从318国道川藏南线，经过巴塘县竹巴龙乡，跨越金沙江大桥后，就从四川地界进入了西藏地界，前往拉萨的剩余路段将与滇藏线会合。四川竹巴龙乡到西藏左贡县全长约229千米。

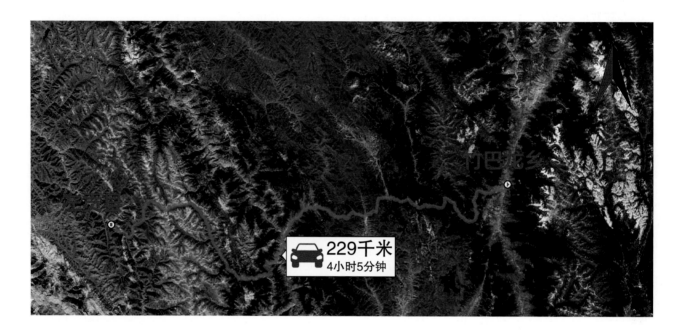

1.行政区域

（1）芒康县

"芒康"在藏语中意为"善妙地域"。芒康县位于西藏东南部的横断山脉，地处川、滇、藏三省（区）交会处，自古就是藏族聚居区的东南大门、茶马古道的重镇，是从茶马古道进西藏的第一站。芒康县境内有郁郁葱葱的原始森林，藏汉文化在此交融，民族风情浓郁淳朴，让人流连忘返。

①**历史沿革。**

三国两晋南北朝时期，芒康是土著居民和古代羌族部落的混杂居住区。

隋朝时，芒康属于白狼国。

清顺治五年（1648年），芒康归属西藏管辖。

1956年10月，西藏工委把宁静、盐井代表处改为宗党委会，正式建立了宁静、盐井县。

1960年4月9日，国务院将宁静县、盐井县合并为宁静县，组建7个区，36个乡农牧协会。

1963年，芒康县进行普选建政工作（1965年结束），原有的7个区被重新划为11个区，60个乡。

1965年11月，宁静县改名为芒康县。

1988年，芒康县进行"撤区并乡"，把全县的11个区60个乡重新划为24个乡镇。

2014年11月，昌都撤地设市，芒康县归昌都市管辖。

②地理环境。

◇位置：芒康县位于西藏自治区东部、昌都市东南部。东与四川巴塘县隔金沙江相望，南与云南省德钦县毗邻，西与左贡县相连，北与贡觉、察雅两县交界。地理坐标为东经98°00′～99°05′，北纬28°37′～30°20′。总面积11580平方千米。

◇地貌：芒康县平均海拔4300米，横断山脉由北向南纵贯县境。宁静山脉是境内主要山脉，呈南北走向。主要山峰有达拉涅峰、达马压山、卡孜西卡冲山、旺秋占堆山等。

◇气候：芒康县属高原温带半湿润季风型气候区，夏季湿润，冬季寒冷干燥。年平均气温10℃，年平均降水量350～450毫米，降水主要集中于6—9月，全年无霜期95天。

◇水文：芒康县主要河流有金沙江、澜沧江及两江的70多条支流。金沙江和澜沧江在芒康县境内总流长达1661千米，流域面积达250平方千米。

③生态环境。

芒康县海拔3500～4500米，受西南季风影响，冬季气候温暖、晴朗干燥；夏季，由于西南季风暖湿气流和东南季风暖湿气流相遇，多降水。年降水和温度的分布极不均匀，具有典型的山地气候特点。境内有国家一级保护野生动物滇金丝猴、马来熊、绿尾虹雉等。名贵的中药材主要有冬虫夏草、知母、贝母、大黄、胡黄连、红景天、当归、党参、三七等。位于芒康县境内的滇金丝猴国家级自然保护区，植物垂直带与自然垂直景观明显，生态系统独特，是中国罕见的低纬度、高海拔的保护区之一，是中国高原林区宝贵的生物多样性的物种基因库，具有很高的科研价值和旅游价值。

④自然资源。

◇矿产：芒康县境内矿产主要有金、银、铅、砂、锡、锌、煤、盐、石油、硫黄、石膏、石墨等。

◇植物：药用植物主要有党参、秦艽、大黄、柴胡、麻黄、贯众、薄荷、木贼、灵芝、黄连、丹参、天南星、胡丹皮、千里光、报春花、大叶石带、洋金花、前胡等。

◇动物：芒康县境内野生动物主要有雕、鹫、鹿、獐、鹞子、黄猴、野猪、狐狸、猞猁、狗熊、金钱豹、苏门羚、小熊猫、大青猴、滇金丝猴等。

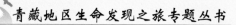

芒康县大门

芒康县

（2）左贡县

左贡县位于西藏自治区东南部，距拉萨1067千米。"左贡"在藏语中是"犏（耕）牛背"的意思。这里曾是历代商贾从茶马古道进出西藏的必经之地。

①历史沿革。

唐乾封二年（667年，藏历火兔年），吐蕃芒松芒赞征服东女国，至此左贡地方受吐蕃统治。

唐乾符四年（877年，藏历火鸡年），吐蕃在康区设立黎州都督府领属53州，左贡地方为其管辖。

南宋淳祐十二年（1252年，藏历第四饶迥水鼠年），以兀良合台为先锋的蒙古族西路大军征服南诏，左贡归属蒙古。

南宋景定五年（1264年，藏历第四饶迥木鼠年），元设置总制院（后改为"宣政院"）统管全国佛教事务和藏族地区的政教事务。左贡地方属宣政院在康区所设"吐蕃等路宣慰使司都元帅府"管辖。

明洪武四年（1371年，藏历第六饶迥金猪年），朝廷设置"朵甘卫指挥使司"统领康藏地区，左贡一带属其下辖的一部。

明洪武七年（1374年，藏历第六饶迥木虎年），升"朵甘卫指挥使司"为"朵甘行都指挥使司"，左贡地方仍属其管理。

明崇祯十二年（1639年，藏历第十一饶迥土兔年），蒙古族和硕特部首领固始汗率兵入康摧毁白利土司，进而攻占康南各地，左贡地方随之转归和硕特部辖。

1912年（藏历第十五饶迥水鼠年），川督尹昌衡设川边镇抚府，辖包括科麦（左贡属科麦）在内的丹达山以东各地。

1913年（藏历第十五饶迥水牛年），全国废除府、厅、州制，撤销川边镇抚府，设立川边道，科麦为其所辖。

1939年（藏历第十六饶迥阴土兔年）1月1日，西康省政府成立，国民政府将丹达山以东各地（包括左贡）划属西康省辖地。

1950年10月7日，左贡宗解放；12月，在碧土成立解委会。

1951年1月1日，昌都地区解委会成立，左贡为其直属宗；7月，地区解委会向左贡派出军事代表，并成立军事代表处；10月27日，撤销碧土解委会，正式成立左贡宗解委会，隶地区解委会。

1956年12月，根据西藏工委电示，成立中国共产党左贡宗委员会。

1959年4月30日，经中共西藏工委批准，撤销左贡宗解委会，更名为左贡县委员会。

1959年5月17日，左贡宗改为左贡县，并正式建立左贡县人民政府，隶西藏自治区昌都地区军事管制委员会。

1960年1月，昌都地区专员公署（简称地区专署）成立，左贡县隶之。

1965年，左贡县人民政府更名为左贡县人民委员会（简称县人委）。

1968年6月，左贡县"革命委员会"成立，取代县人委职权；各区、乡成立公社"革命委员会"。

1969年4月，地区专署由地区"革命委员会"取代，县"革命委员会"转隶地区"革命委员会"。

1971年12月，经自治区人民政府批准，左贡县治所由亚中村搬迁至旺达村（即现在的县城所在地）。

1978年11月，撤销地区"革命委员会"，设立昌都地区行政公署（简称地区行署），县"革命委员会"为地区行署管辖。

1981年11月，撤销县"革命委员会"及其所属各级"革命委员会"，恢复建立左贡县人民政府，直隶地区行署；各公社"革命委员会"更名为公社管理委员会。

1983年10月，经国务院批准，新建碧土县，但因故未果。

1984年9月，撤销人民公社管理委员会，恢复乡建制，并成立各乡人民政府。

1999年9月21日，国务院决定撤销原拟定的碧土县建置。

至2010年底，县政府直隶地区行署管辖。

②**地理环境。**

◇位置：左贡县隶属昌都市管辖，位于西藏自治区东南部，西北与昌都以澜沧江断裂带分隔，南面与云贵高原、怒江断裂带分隔。地理坐标介于东经97°06′～98°36′，北纬28°30′～30°28′之间。总面积为1.18万平方千米。

◇地貌：县域内高山和中山并存，并相互交错。高山分布在地势起伏大于500米，海拔为5000～6700米的山地，包括东达山（海拔5086米）、马拉山（海拔5380米）、梅里雪山（主峰海拔6740米）等高山。

◇气候：左贡县气候属藏东南高原温带半干旱气候，气温年较差小，全县降水分布不均匀，夏季降水集中，冬春季气候干燥寒冷。全县年平均气温为4.2℃，年平均降水量为405毫米，年平均无霜期94.2天，年平均日照时数2815小时，年平均蒸发量1681.1毫米。

◇水文：左贡县境内大小河流交错，共有81条，年径流量32.8亿立方米。左贡全县处于"两江一河"流域内，怒江流经境内175千米，澜沧江流经境内120千米，玉曲河流经境内240千米。全县大小湖泊78个，总储水量约536万立方米。

③**生态环境。**

左贡县境内植被主要有针叶林、针阔混交林和灌草丛等。海拔3000米以下河谷地区主要为干暖河谷灌丛，植被以耐旱有刺灌丛为主，种类主要有小檗、蔷薇等，在离玉曲河、澜沧江、怒江等干流较远的支沟中分布有云杉、冷杉、高山松、落叶松、高山栎、杨树和桦木等；海拔4100～4500米处多为高山灌丛和草地，灌木以杜鹃等为主。

④**自然资源。**

◇矿产：左贡县主要矿产资源有铁、锡、金、银、煤、硫、石墨等。

◇动物：左贡县主要野生动物有獐、金鸡、黑颈鹤、滇金丝猴、鹦鹉等上百种，饲养动物有牦牛、犏牛、黄牛、马、绵羊、山羊等。

◇植物：左贡县林木蓄积量7650万立方米，主要有经济价值较高的云杉、冷杉、马尾松、柏树等，还有少量世界珍稀树种红豆杉、红松及国家二级保护树种黄杉；怒江、澜沧江流域还广泛种植核桃、苹果、橘子、葡萄、花椒、石榴等经济林木。林下资源较为丰富，盛产虫草、贝母、黄连、三七、红景天、松茸等名贵中药材。

2.沿途风景

（1）盐井盐田

盐井乡是川藏公路和滇藏公路会合后，从四川省或者云南省进入西藏的第一站，其全称为"中华人民共和国西藏自治区昌都市芒康县盐井纳西民族乡"，隶属芒康县。盐井乡平均海拔2400米，地处西藏自治区东南端。盐井在历史上是吐蕃通往南诏的要道，也是滇茶运往西藏的必经之路，是茶马古道上的一颗明珠。

盐井乡

盐井盐田是世界上唯一完整保持最原始的手工晒盐方式的地方，位于澜沧江东西两岸，距芒康县城120千米。盐井盐田历史悠久，传说唐朝以前这里就开始制盐，至今已有1300多年的历史。盐井目前产盐的有两个乡——纳西乡和曲孜卡乡。从事盐业生产的有320多户，有2700多块盐田。在沿江两岸近300米的狭长地带，分布着从江边排列到山上的数千块盐田，登高俯瞰，盐田银光闪烁，与湛蓝的澜沧江水和漫山遍野的花草树木相互映衬，美不胜收。在这里可以观赏到勤劳、朴实的盐民制盐的全过程，独特而原始。盐田下面钟乳晶盐千姿百态，置身其中，仿佛进入了水晶宫，穿梭于密密的立柱之间，扑朔迷离的感觉带给人无法描述的惊奇。

盐井乡周边

（2）红拉山

红拉山位于芒康县境内，是盐井乡到芒康县城途中海拔最高的地方，也是滇藏线上从西藏到云南需要翻过的最后一座高山，距离芒康县60千米。红拉山垭口海拔4448米。"拉"在藏语里有"神、佛"之意，如"拉萨"就是"神佛所在地"的意思。红拉山森林植被保存较好，森林覆盖率70%～80%，森林类型有阔叶林、针阔混交林、高山草甸等。动植物储量十分丰富，云南黄连、澜沧黄杉、油麦、卡杉、红豆杉等点缀着红色的山体，高山杜鹃遍布峡谷、溪涧，妖娆妩媚，西藏芒康滇金丝猴国家级自然保护区也位于此处。

红拉山垭口

（3）澜沧江"W"形大峡谷

　　澜沧江"W"形大峡谷位于芒康县曲孜卡乡境内，214国道旁，因峡谷呈"W"形而得其名。峡谷陡峭深邃，海拔高差2000～4000米，十分壮观。在此，可遥望芒康境内第一高山——达美拥雪山，其海拔为6434米，山体一年四季冰雪覆盖，景色壮美。

澜沧江大峡谷

左贡→然乌

　　318国道上，从左贡县城出发后，继续沿着川藏公路318国道向西行驶约104千米，到达八宿县境内的邦达镇，这里有一大片水草丰美、牛羊成群、平均海拔4200米以上的高寒草原，即邦达大草原。经过邦达大草原之后，就开始翻越本路段的最高山峰——业拉山，业拉山垭口海拔4658米。抵达垭口后，向西北方向望去便是川藏天险之一的怒江72拐，海拔会连续下降2000余米，离开"荡气回肠"的72拐，便抵达波涛汹涌的怒江，沿怒江峡谷前行约1小时，便抵达八宿县然乌镇，全程291千米。在怒江峡谷前行时，江水的嘶吼声会不断地冲击耳膜，汹涌澎湃的江水彷佛在告诫人们这是他的地盘，催促着旅人们快速驶离这里。

1.行政区域

（1）八宿县

八宿县位于西藏自治区东部，隶属西藏昌都市。西南部为横断山脉，距"圣城"拉萨861千米。"八宿"在藏语中意为"勇士山脚下的村庄"。八宿视野开阔，景色迷人，周边的多拉神山、嘎玛沟、仁错湖等都十分美丽。

①历史沿革。

清雍正三年（1725年）划归西藏后，由拉萨功德林寺派人管理。

清末，改土归流时并入恩达县。

1912年，改设八宿宗。

1951年，成立昌都地区人民解放委员会，辖八宿。

1959年5月，八宿宗改为八宿县。

1964年1月，八宿县政府迁驻白马镇。辖1区，1镇，14乡，125个村民委员会。

2014年11月，昌都撤地设市，八宿县归属昌都市。

②地理环境。

◇位置：八宿县位于西藏自治区东部，昌都市东南部，地处怒江上游，县城所在地白马镇海拔3260米。地理坐标为东经96°23′～97°28′，北纬29°40′～31°01′。东邻左贡县、察雅县，南与察隅县接壤，西靠洛隆县、林芝市波密县，北连昌都市卡若区、类乌齐县。八宿县总面积12330平方千米。

◇地貌：八宿县坐落于三江流域高山峡谷地带，可分为3个自然区。东北部昌都以南的邦达地带，海拔较高，为高原大陆区；怒江流域延伸至左贡县境内，为高山峡谷过渡区；其余地方高山环绕，峡谷相间，地形较复杂，为高山峡谷区。境内主要山脉有横断山脉，近似南北走向。主要山峰有北部的初胆针山（海拔5971米）和西北部的拉穷山（海拔4700米）；南部的然乌湖地区，是念青唐古拉山脉东段与横断山脉伯舒拉岭接合部，山高谷深，冰川较多。全县地形狭长，分别向南北延伸，地势由东北向西南倾斜，构成"七山二水一分地"的地形特点。

◇气候：八宿县以高原温带半干旱季风气候为主。日照充足，干季、雨季分明。随着海拔的增加，依次出现峡谷暖温带、高原温带、高原寒温带三种不同的垂直气候带。常见的自然灾害有地震、洪水、泥石流、干旱、冻土、风沙、霜冰、冰雹等。由于山高谷深，气候垂直差异明显，年平均气温10.4℃。1月平均气温0℃，7月平均气温19.2℃。全年无霜期162天。全年日均气温5℃以上持续时间244天，0℃以上持续时间321天。年平均降水量233毫米。

◇水文：八宿主要河流有怒江及其支流，总河长1737千米。怒江由西北部入境，穿越县域中部，由北向南奔流于高山峡谷之中，河道弯曲狭窄，河谷深切，落差大，水流急，怒江在八宿县境内长127千米，年径流量33亿立方米。

③生态环境。

八宿县拥有丰富的野生动植物资源，以及大自然赋予的高山奇石、冰川、湖泊等，景色醉人。此外，八宿县然乌湖景区，也是318国道上一颗璀璨的明珠。

④自然资源。

◇矿产：八宿县蕴藏着丰富的矿产资源，主要有金、银、铅、锌、煤、锡、石膏等。

◇植物：八宿县主要有贝母、知母、大黄、雪莲、雪鸡、红景天、虫草等7种名贵中药材。

◇动物：八宿县动物主要有马鹿、水獭、紫貂、岩羊、黄羊、盘羊、野牛、土拨鼠、贝母鸡、马鸡等；獐、马鹿、鹤、羚羊、盘羊等为珍稀野生保护动物。

八宿县邦达镇

（2）然乌镇

然乌镇位于西藏昌都市八宿县境内西南角，距离八宿县城白马镇约90千米。"然乌"在藏语中是"铜做的水槽"的意思。

①历史沿革。

1960年，置然乌乡。

1974年，改然乌乡为然乌公社。

1984年，复置乡。

1999年，改为然乌镇。

2020年，然乌镇辖10个行政村，镇人民政府驻然乌村。

②地理环境。

◇位置：然乌镇是昌都地区的重要交通节点，交通区位优势明显。

◇地貌：然乌镇面积1505.5平方千米，海拔3800～5800米，位于八宿县南部的冈底斯陆块，以高山或极高山冰川缓坡地貌为主，土壤类型为暗棕壤土类和棕壤土类。然乌镇所在地以然乌湖为中心，周边雪山冰川环绕，有雅隆冰川、伯舒拉岭及德姆拉山等。

◇气候：然乌镇属于高原寒温带气候，日照充足，干、雨季分明，年平均气温在3℃以下。春冬两季气候寒冷干燥，夏秋两季气候相对温和。年平均地面气温6℃，年日照时数2200小时，年平均降水量500毫米，年平均蒸发量1800毫米，年降雪日数30天。

③生态环境。

然乌镇境内主要景观有然乌湖和来古冰川。然乌湖是西藏东部最大的湖泊，位于八宿县城西南面89千米处的318国道边。它是雅鲁藏布江支流帕隆藏布江的主要源头，也是帕隆大峡谷的起源。然乌湖面积27平方千米，湖面海拔为3850米，湖泊长25千米，湖体狭长，呈串珠状。湖畔西南有岗日嘎布雪山，南有阿扎贡拉冰川，东北有伯舒拉岭，四周雪山的冰雪融水构成了然乌湖主要的补给水源，并使湖水向西倾泻。

④自然资源。

然乌镇自然资源和人文旅游资源十分丰富，独特的地理位置造就其独特的地貌和文化。然乌镇旅游资源主要为来古冰川及然乌湖，二者构成最有竞争力的"海洋性冰川"与"高原冰湖"的优质资源组合，还有那然草原、然乌溶洞、仙女天湖拉姆玉措等优质资源，这些资源共同构成以雪域风情为底色的高原盛景。

2.沿途风景

（1）邦达大草原

　　邦达大草原位于昌都地区三江（金沙江、沧澜江、怒江）流域的高山深谷中，是地势宽缓、水草丰美的高寒草原。怒江支流玉曲上游蜿蜒流过，两岸广阔的低湿滩地上生长着茂密低矮的草甸植物，绿茵如毡，除成群牛羊在那里游荡觅食外，偶尔也会有一些藏原羚出没其间。

邦达大草原

邦达大草原

（2）川藏72道拐

　　川藏72道拐，又称"怒江72拐"。318国道川藏线从左贡县域出发，途经八宿县境内的邦达大草原，翻越海拔4658米的业拉山垭口后，经过12千米抵达海拔2740米的怒江畔，这是川藏线必游之路。在绵延起伏的高原大山中，这条天路像是蜿蜒盘旋的巨龙，伏在陡峭的坡壁上，无数个急转弯让每一个路过这里的人终生难忘。

川藏72道拐

怒江

（3）然乌湖

　　然乌湖位于白马镇西南90千米处，318国道沿湖边而过。它是雅鲁藏布江支流帕隆藏布江的主要源头。然乌湖面积27平方千米，蓄水量1.4亿立方米，海拔3850米。然乌湖分上、中、下三段，上段为康沙以上，称为安贡湖，面积约6平方千米；中下段从康沙到然乌村，是然乌湖的主体，面积16平方千米。整个湖面呈河道型，平均宽度0.8千米，周长60千米，湖的北面有来古冰川，冰川延伸到湖边，每当冰雪融化，雪水便注入湖中，然乌湖因此有了充足的水源。

然乌湖

（4）安久拉山

安久拉山是怒江和雅鲁藏布江的分水岭。海拔4468米的安久拉山号称318国道上最平缓的垭口，四周原本挺拔的群山在高海拔垭口的衬托下，多了些"平易近人"的感觉。垭口附近不仅平缓而且宽敞，和之前那些陡峭起伏、壁立千仞的垭口大相径庭。翻越了垭口，也就由怒江流域进入了孕育传奇与神话的雅鲁藏布江流域。在安久拉山垭口举目四望，目之所及尽是一块接一块的草地，草地与草地之间是小小的积水潭，当地人称之为"海子"。

安久拉山

然乌→林芝

从然乌镇出发，走318国道，途经波密县、通麦天险、鲁朗镇，到达林芝市巴宜区八一镇，全程345千米。走318国道，经过通麦去往排龙乡和鲁朗镇、八一镇，过通麦大桥之后有一段全长14千米的路段出了名的险峻，异常难走，即"通麦102大塌方区"，也称为"通麦天险"或"排龙天险"。通麦的地理和地质条件非常特殊，塌方和泥石流现象频繁发生，因此容易发生车祸和大堵车现象。2015年通麦特大桥竣工后，事故率大大降低。通麦天险路段景色令人惊奇，这里的原始森林长满了高大的树木，浓郁青葱，苍翠欲滴，弥漫着的轻飘飘的雾，更增添了几分缥缈之感。

1.行政区域

（1）波密县

波密古时称博窝地区，现藏文名仍为"博窝"，意为"祖先"。

①历史沿革。

波密，原为曲宗、易贡、倾多三宗。

1954年，合曲宗、易贡、倾多三个宗统一管辖。

1959年，设波密县，隶属林芝地区。

1964年，属昌都地区辖。

1986年，归林芝地区。

2015年3月，撤销林芝地区，设立地级林芝市，波密县归林芝市管辖。

②地理环境。

◇位置：波密县在西藏东南部，帕隆藏布河北岸，喜马拉雅山北麓东段。地处东经94°00′～96°30′，北纬29°21′～30°40′。全县总面积16760平方千米，距西藏自治区首府拉萨市636千米，距林芝市市区230千米，距昌都市八宿县217千米，318国道从县中心穿过。波密县为冲积平原，最高峰明朴不登山，海拔6118米。

◇地貌：波密县地处念青唐古拉山东段南麓和喜马拉雅山东段北麓交界处，北高南低，高山连绵，中部为帕隆藏布河谷和易贡藏布河谷。境内有日母、关星等十大名山。波密县境内最高海拔6648米，最低海拔2001.4米，县政府驻地扎木镇海拔2720米。

◇气候：受印度洋海洋性西南季风影响，印度洋暖湿气流沿雅鲁藏布江进入帕隆藏布河和易贡藏布河，抵达念青唐古拉山东段南麓，因此，波密县海拔2700米以下属亚热带气候带，海拔2700～4200米属高原温暖半湿润气候带，海拔4200米以上属高原冷湿寒湿带。波密县年日照时间1563小时，年平均温度8.5℃，全年无霜期176天，年平均降水量977毫米。

◇水文：波密县拥有帕隆藏布河水系，易贡错、古错湖等冰碛湖80多个，其中帕隆藏布河和易贡藏布河支流数十条，流域面积4549.6平方千米；易贡错名列藏东50多个淡水湖之首，面积22平方千米，形成于1900年。

波密县城全貌

波密县街景

③生态环境。

波密县依傍横断山脉，四周被山地包围，多山间盆地，平均海拔3300米，拥有集雪山、河流、森林于一体的壮美自然生态环境。波密县地处雅鲁藏布大峡谷国家级自然保护区，属亚热带、高原温带半湿润气候，原始森林繁密，森林覆盖率达47%。这里气候温和湿润，非常适合物种的繁衍生息，是拥有丰富野生动植物资源的宝库。

④自然资源。

◇矿产：矿种有砂金、铁矿、水晶矿、石灰岩、石膏等40余种。

◇植物：共400余种。其中高级食用菌松茸年产量80吨，50%加工后出口日本。中草药材资源丰富，有天麻、虫草、贝母、知母、党参、茯苓、大黄等。有各种树木80余种，其中云杉、高山松、华山松、高山栎、柏树、杨树、桦树、樟树、椿树、乔松、铁杉、毛竹为常见的经济价值高的种类，原始森林中的云冷杉多数树龄在180年以上，树高70~80米，树胸径超过2米，一般单株蓄积量30立方米以上。有草地植物200余种，其中藜科、蔷薇科、豆科、龙胆科、菊科、乔本科、莎草科植物为草地主要植被，大部分为优质牧草。经济林木主要有核桃、花椒、苹果、沙棘、葡萄、水蜜桃、漆树、毛桃等。

◇动物：有野生动物80余种，其中被国家列为重点保护动物的有獐、梅花鹿、棕熊、金丝猴、豹、羚羊、小熊猫、黑颈鹤等20余种。

波密县风景

（2）林芝

　　林芝，古称工布，"林芝"由藏语"尼池"或"娘池"音译而来。林芝位于西藏东南部，雅鲁藏布江中下游，西藏自治区内与拉萨、山南、那曲、昌都相邻，西藏自治区外与云南毗邻，边境与印度、缅甸接壤，被称为"西藏江南"，有世界上最深的峡谷——雅鲁藏布江大峡谷和世界第三深的峡谷——帕隆藏布大峡谷。

　　2006年，林芝机场正式开通，这是西藏自治区内继拉萨贡嘎机场、昌都邦达机场之后投入使用的第三个高高原机场，也是西藏自治区第二大机场。

林芝机场

①**历史沿革。**

林芝历史悠久，其历史可以追溯到西藏的史前时期。20世纪70年代，尼洋河边发现了一批新石器时代的人类遗骨和墓葬群，考古表明早在4000～5000年之前，林芝地区已有农业活动，人们过着相对稳定的生活。出土文物中有网坠、箭头，说明这里的人们不仅在古代的尼洋河、雅鲁藏布江水滨从事农业，也从事渔业。

林芝历史的最早的文字记录见于工布第穆萨摩崖石刻上。该石刻位于今林芝市巴宜区米瑞乡玉荣增村附近，面向西南，已有1200多年的历史，字迹仍然清楚。

唐代，由吐蕃赞普后裔统治，称"工噶布王"。

17世纪，甘丹颇章政权成立，林芝市被划分为阿沛、江中、甲拉等几家地方首领的领地，不久又成立了则拉、觉木、雪卡、江达等宗。

1951年，西藏和平解放。

1959年，中央人民政府对西藏实施全面直接管辖，开始实行民主改革。

林芝镇

1960年，成立塔工地区专员公署，同年2月改设林芝专员公署，专员公署驻林芝县。

1963年，撤销林芝专员公署，波密县划归昌都专区管辖，林芝、工布江达、米林、墨脱4个县划归为拉萨市管辖。

1986年2月，林芝地区行政公署正式恢复，下辖林芝县、米林县、工布江达县、墨脱县、波密县、察隅县、朗县7个县，55个乡镇，614个行政村。

2015年3月，国务院批复同意撤销林芝地区和林芝县，设立地级林芝市；林芝市设立巴宜区，以原林芝县的行政区域为巴宜区的行政区域；林芝市辖原林芝地区的工布江达县、米林县、墨脱县、波密县、察隅县、朗县和新设立的巴宜区。

②**地理环境。**

◇位置：林芝市位于林芝地区中部，东经92°09′～98°47′，北纬26°52′～30°40′，总面积为114870平方千米。县城所在地距林芝地区行政公署所在地八一镇18千米，距西藏自治区首府拉萨市424千米。

◇地貌：林芝平均海拔3000米左右，最低海拔155米，在雅鲁藏布江下游墨脱县巴昔卡，就高度来讲远低于西

藏其他地区，是世界陆地垂直地貌落差最大的地带。喜马拉雅山脉和念青唐古拉山脉似两条巨龙由西向东平行伸展，"南迦巴瓦"正是龙脊上的白色雪峰，主峰海拔7782米，是南段喜马拉雅的最高雪峰，东与横断山脉对接，形成了群山环绕的独特地形。

◇气候：喜马拉雅山脉和念青唐古拉山脉的东南低处面向印度洋，来自印度洋的海洋性气候会溯雅鲁藏布江的河谷而上，给当地带来大量降水。顺江而上的印度洋暖流与北方寒流在念青唐古拉山脉东段一带汇合驻留，形成了林芝的热带、亚热带、温带及寒带气候并存的多种气候带。印度洋和太平洋的暖流常年交互于此，形成了林芝特殊的热带湿润和半湿润气候。年降水量650毫米左右，年平均气温8.7℃，年平均日照时数2022.2小时，全年无霜期180天。

◇水文：雅鲁藏布江在其西行途中切开喜马拉雅山脉，从南迦巴瓦峰和加拉白垒峰之间穿过，雅鲁藏布江这条世界最高的河流，在奔腾1000多千米后，从朗县进入林芝地区，在米林县迎面遇上喜马拉雅山阻挡，被迫折流北上，绕南迦巴瓦峰作奇特的马蹄形回转，在墨脱县境内向南奔泻而下，经印度注入印度洋，形成了世界上最深的峡谷雅鲁藏布大峡谷。大峡谷的平均深度为5000米，最深处达到6009米，这段峡谷长度超过490千米，最险峻处位于派镇大渡卡到墨脱县邦博的地方，长度有240多千米，峡谷上部开阔，下部陡峭。江河流速高达16米/秒，流量达4425立方米/秒。

③生态环境。

林芝气候宜人，自然资源丰富，所有山脉呈东西走向，北高南低，海拔高低悬殊，热带、亚热带、温带及寒热气候并存，形成了林芝奇特的雪山和森林的世界，是国际生态旅游区、国家全域旅游示范区和重要世界旅游目的地，素有"西藏江南"之美誉。

林芝市鲁朗花海

④**自然资源。**

◇矿产：林芝市境内已发现铅锌矿、铜矿、银矿、铬铁矿、钛铁矿、镍矿、锡矿、钨矿、锑矿、黄铁矿、重晶石、石棉、水晶、冰洲石、石榴子石、电气石、绿柱石、白云母、石墨、石膏、大理岩、滑石、建筑用砂石、地热、矿泉水等矿产资源共34种，矿床（点）287处，其中远景资源量达到大型矿床规模的有2处，有中型矿床4处、小型矿床7处。

◇植物：林芝市森林覆盖率达46.09%，为中国第三大林区，西藏80%的森林集中在这里。林芝已发现的植物有3500多种，可食用的菌类有120余种，松茸年产量300余吨。

◇动物：林芝市主要有虎、豹、熊、羚羊、獐、猴、鹿等野生动物。

2.沿途风景

（1）米堆冰川

米堆冰川位于波密县玉普乡境内，距县城103千米，距318国道8千米，距最近的村庄仅2千米，是西藏最重要的海洋性冰川。冰川主峰海拔6800米，雪线海拔4600米，常年雪光闪耀，景色神奇迷人。冰川冰洁如玉，景色秀美，形态各异。冰川下端是针阔叶混交林地，皑皑白雪终年不化，郁郁森林四季常青，山脉头裹银帕，下着翠裙，姿色醉人。由于冰面较暖，常年生活着冰蚯蚓、冰蚤和其他各类微生物。受喜马拉雅山东段的气候影响，米堆冰川虽位于北纬29°，但是冰川末端的温度却比位于大约北纬44°的博格多山的冰川还要低，这是我国现代冰川中较为特殊的现象。

米堆冰川

（2）通麦天险

通麦天险也称为排龙天险，位于波密县城与林芝县鲁朗镇之间，指的是通麦到排龙之间的14千米险路。这是川藏线最险的一段路，开车通过平均用时为2个小时左右。这里有"世界第二大泥石流群"，是"川藏难，难于上西天"的代表路段。麦通天险沿线山体土质较为疏松，高山滚石难以预料，且附近遍布雪山河流，一遇风雨天气或冰雪融化，极易发生泥石流和塌方，加之路窄所致的错车空间极小，故通麦—排龙一线曾有"死亡路段""通麦坟场"之称。

如今，通麦天险"卡脖子"路段已经成为历史。从2012年到2016年，投资15亿元，以"五隧两桥"为主的川藏公路通麦段整治改建工程完成后，彻底改变了通麦天险的通行状况，通过整个路段所用时间由过去的2个小时左右缩短到20分钟，天堑已变通途。

通麦天险

通麦特大桥

（3）嘎瓦龙风景区

嘎瓦龙位于波密县南部，距波密县城所在地扎木镇30千米。嘎瓦龙以海拔4322米的多热拉山为界，南部是墨脱县，北部是波密县。从多热拉山往北看，有3个明珠般的小湖，这就是嘎瓦龙天池，位于中间的小湖还有两个小岛。

嘎瓦龙风景区

嘎瓦龙冰川

（4）雅鲁藏布大峡谷

雅鲁藏布大峡谷，位于雅鲁藏布江下游南迦巴瓦峰，这里有世界上最为奇特的马蹄形大拐弯，是世界上具有独特水汽通道作用的大峡谷，造就了青藏高原东南部奇特的森林生态景观。它抱拥的山岭最高处海拔达7782米，最深处的谷地深6009米，令科罗拉多大峡谷等其他峡谷望尘莫及。从高山冰雪带到热带雨林带共有9个垂直自然带分布在这里，这里是世界山地垂直自然带最齐全完备的地方。1998年4月17日，科学家确认雅鲁藏布大峡谷为世界最深的峡谷。

雅鲁藏布大峡谷

（5）墨脱的藤桥索

墨脱较为有名的藤桥有背崩藤网桥、德兴藤网桥，其中墨脱德兴藤网桥位于墨脱县郊，横跨雅鲁藏布江，有300多年的历史。藤网桥呈管状，悬空，位于峡谷险要的河段。行走其上时，桥因人的重力与河风，左右晃动幅度极大。墨脱景观还有"溜索"，行人以背对江面的姿势高速滑向对岸。

墨脱德兴藤网桥

（6）鲁朗花海

　　鲁朗花海位于林芝市巴宜区鲁朗镇，鲁朗海拔3700米，距八一镇80千米，坐落在深山老林之中。这是一片典型的高原山地草甸狭长地带，长约15千米，平均宽度约1千米。两侧青山由低往高分别由灌木丛以及茂密的云杉和松树组成，中间是整齐划一的草甸，犹如人工修整过一般。草甸中，溪流蜿蜒，泉水潺潺，草坪上报春花、紫苑花、草梅花、马先蒿花等野花怒放，颇具林区特色的木篱笆、木板屋、木头桥，以及农牧民的村寨星罗棋布、错落有致，勾画出一幅恬静、优美的"山居图"。

鲁朗花海

鲁朗镇风景

鲁朗小镇

（7）色季拉山

  色季拉山地处林芝市巴宜区，是尼洋河与帕隆藏布江的分水岭，山口海拔4728米，是川藏线上的知名地标。色季拉山属念青唐古拉山脉，是西藏林芝市东部与中西部的分界带。色季拉山西坡的达则村旁的本日拉山，是西藏苯教的圣地。站在色季拉山口，除了满眼的经幡，还能遥望景色迷人的尼洋河、无边无际的林海和宏伟的南迦巴瓦峰。

色季拉山

色季拉山

林芝→拉萨

从林芝市八一镇出发，沿318国道行驶到拉萨市，全程420千米；或者沿林芝与拉萨间的高速公路行驶，经过工布江达县和墨竹工卡县，最后到达拉萨市，全程约392千米。

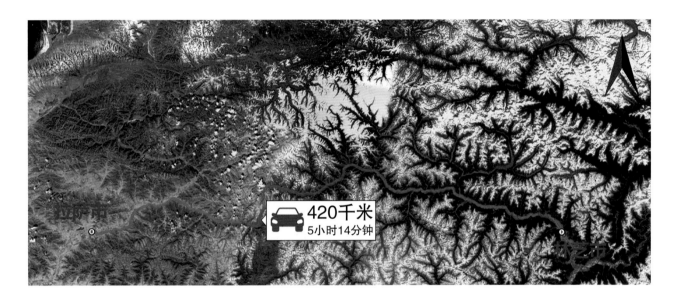

1.行政区域

（1）工布江达县

工布江达县是林芝市辖县，位于西藏自治区东南部，东邻波密县、巴宜区，西接墨竹工卡县，南连朗县、米林县、加查县、桑日县，北靠嘉黎县。总面积12960平方千米，常住人口3.28万人，全县辖3镇6乡。县政府驻工布江达镇果林卡。

工布江达，在藏语中意为"凹地大谷口"，地处藏南谷地向藏东高山峡谷区的过渡地带，为深切割的高山河谷地貌，属温带半湿润高原季风气候。东部温和湿润，森林茂密；西部寒冷干燥，多灌木草甸植被。雅鲁藏布江支流尼洋河贯穿全境。

①历史沿革。

工布江达县早期由吐蕃赞普后裔娘布王统治，工布地区为娘布后裔传统世袭领地。

14世纪，娘布地区（包括江达）仍由娘布王统治。因江达所在地娘布与娘曲（清代称尼洋河）下游的古工布地域接壤，无大山江河相隔，两地文化背景、生活习俗又接近，江达逐渐成为工布划区，称为工布江达，意为工布的江达。

明崇祯十五年（1642年），甘丹颇章地方政权建立后，西藏地方政府在江达设置江达宗，江达与则拉、觉木、雪卡三宗合称工布四宗。

1912年，改设太昭县，后改称工布江达宗。

1951年，称太昭县。

1960年1月，改名为工布江达县。

1964年，雪巴县并入工布江达县，划归拉萨市管辖。

1986年，复归林芝地区管辖。

2015年3月，归地级市林芝市管辖。

②地理环境。

◇位置：工布江达县地处西藏自治区东南部，念青唐古拉山南麓，雅鲁藏布江以北，尼洋河中上游，距市政府所在地八一镇130千米，为林芝市面向外界的西大门，有"彩虹之乡"的美誉。东西长约180千米，南北平均跨度70千米，总面积12960平方千米。

◇地貌：工布江达县地处藏南谷地向藏东高山峡谷区的过渡地带，南以冈底斯山脉东延地段郭喀拉日居为界，北以念青唐古拉山脉为界，山脉、河谷呈近东西向展布。境内山峰林立，沟谷深切，属深切割的高山河谷地貌。地势总体呈现南北高、中部低，西部高、东部低的变化特征。全境最高海拔6691米，最低海拔3180米，平均海拔3600米，相对高差1700～2000米，深切割地段相对高差达2000米以上，具有高山剥蚀地貌特征。

◇气候：工布江达县受所处的地理位置、地形和印度洋暖湿气流影响，形成了温带半湿润高原季风气候，与西藏大多数地区相比，气候相对温和湿润。县城年平均气温6.2℃，昼夜温差大于10℃；最热月（7月）平均气温15.85℃，最高气温26.9℃。气温垂直变化特征明显，海拔每升高100米，气温下降约0.74℃。由于县内不同地区气候差异大，小气候多变且变化显著，农牧业生产每年均不同程度地遭到冰雹、洪涝、干旱、雪、霜等各种自然灾害的影响。

◇水文：工布江达县境内水系发育，支流众多，河流总长度1792千米，河网密度为每平方千米0.04千米。河流水量丰沛，流域内植被覆盖度较高，泥沙含量较小，水质优于Ⅱ类水标准。

县境位于雅鲁藏布江Ⅰ级支流尼洋河（尼洋曲、江达河）中上游地段，属雅鲁藏布江流域。尼洋河源于念青唐古拉山脉南麓的俄鲁多错，是雅鲁藏布江五大支流之一。

③生态环境。

全县环境空气质量常年保持一级标准，优良天数比例稳定在100%；地表水环境监测断面全部达到或优于Ⅲ类水质标准，1个备用饮用水水源地达到Ⅰ类水质标准；生态环境状况指数逐年提升。

④自然资源。

◇水资源：工布江达县境内的尼洋河段年径流量220亿立方米，水能蕴藏量208万千瓦，水能理论蕴藏量16.27万千瓦。可能开发装机容量16.6万千瓦；巴河水能理论蕴藏量26.57万千瓦，可开发装机容量13.56万千瓦。

◇矿产：工布江达县境内初步探明的矿产资源有水晶矿、铁矿、铜矿、金矿、石灰石矿、银矿、铝矿、瓷土、彩土等10余种。

◇生物：工布江达县境内有野生动物63种，其中被列为国家重点保护野生动物的有金钱豹、雪豹、狗熊、马鹿、水貂、獐子、黑顶鹤、兰尾雉等。野生植物资源较丰富，树木主要有云杉、高山松、高山栎、高山柏、桦树等；中药材近300种，贵重药材有虫草、贝母、三七、雪莲花、灵芝草等；食用菌类20多种，松茸产量在40吨以上。截至2013年，全县共有林地面积430596公顷，森林覆盖率为31.97%，森林蓄积量达38551940立方米。

林芝至拉萨的高速公路

工布江达县

（2）墨竹工卡县

墨竹工卡县，隶属于西藏自治区拉萨市，位于西藏自治区中部、拉萨河中上游、米拉山西侧。东邻林芝市工布江达县，南接山南市桑日县、乃东县、扎囊县，西毗拉萨市达孜区、林周县，北连那曲市嘉黎县。"墨竹工卡"在藏语中意为"墨竹色青龙王居住的中间白地"。

①历史沿革。

清咸丰七年（1857年），设墨竹工卡宗，原隶属于江甲布，后归噶厦管理。

1951年，西藏和平解放。

1954年，隶属西藏地方政府卫区总管。

1956年4月至1957年8月，隶属自治区筹委会拉萨基巧办事处。

1959年，墨竹工卡宗和直贡宗合并，成立墨竹工卡县人民政府。

1969年4月，墨竹工卡县人民政府更名为墨竹工卡县人民委员会；同月，墨竹工卡县成立"革命委员会"代替县人民委员会行使职权。

1981年，撤销县"革命委员会"，恢复建立墨竹工卡县人民政府。

1988年8月，在撤区并乡建镇工作中，撤销6个区，将35个乡撤并为15个乡及工卡镇。

1996年，再次进行并乡工作，全县共有7乡1镇，下辖43个村委会。

②地理环境。

◇位置：墨竹工卡县位于西藏自治区中部、拉萨市东部，距拉萨市区68千米，素有"天边之乡"的美誉。县政府驻地为工卡镇，拉林高等级公路穿城而过。

◇地貌：墨竹工卡县境内山川相间，河谷环绕，草原广布。地势东高西低，平均海拔4000米以上。

◇气候：墨竹工卡县属高原温带半干旱季风气候区，特点是高寒干燥，空气稀薄，冬春多大风，年温差小而昼夜温差大。年平均气温5.1～9.1℃，最高气温在30℃左右，年平均最高气温14～16.1℃，夏季平均最高气温在20～24℃，冬季最低气温约-23℃，出现在1月，

拉萨民居

全年无霜期约90天，年日照时数为2813.5小时。降水量515.9毫米，降水集中在每年的6—9月。

由于地理原因，境内自然灾害频发。春秋之季多旱、晚霜害，夏季常遭雷雨和冰雹袭击，干旱与洪涝极易出现。漫长的冬季干燥与风沙相伴，冬季、冬春之交易受雪灾威胁。

③生态环境。

墨竹工卡县认真贯彻"绿水青山就是金山银山"理念，高度重视生态环境保护工作，坚持环境立县，积极推进拉萨周边防护林体系建设工程、"两江四河"流域造林工程、拉林高等级公路沿线人工造林工程等重点生态工程建设。从2019年开始，墨竹工卡县在唐加乡、尼玛江热乡、扎雪乡、门巴乡、日多乡和扎西岗乡新建11座污水处理厂，日处理规模为4000多吨，成为县乡污水处理厂全覆盖示范县。2022年，墨竹工卡县植树近10万株。此外，墨竹工卡县有松赞干布出生地甲玛景区、距今850多年的白教代表直孔梯寺等人文景观，有德仲温泉、日多温泉、思金拉措等著名自然景观。

④自然资源。

◇矿产：墨竹工卡县有金、锑、铬、银、铜、铅、锌、大理石、石灰岩等矿产资源，且蕴藏量大。墨竹工卡县大理石的储量为1082万立方米。

◇植物：墨竹工卡县的药材资源主要有虫草、雪莲花、贝母、红景天等几十种名贵藏药。

◇动物：墨竹工卡县有獐、兔、盘羊、旱獭、水獭、狐狸、野鸡、麻鸡、野鹿、狗熊、野羊、黑颈鹤等野生动物。

（3）拉萨

拉萨是中国西藏自治区的首府，别名日光城，是西藏的政治、经济、文化和宗教中心，也是藏传佛教圣地，拉萨位于西藏高原的中部、喜马拉雅山脉北侧，平均海拔3658米，是世界上海拔最高的城市之一，地处雅鲁藏布江支流拉萨河中游河谷平原。

拉萨市全貌

①历史沿革。

1世纪前后，拉萨河的古名"吉曲"已经出现，拉萨所在地则被人称为"吉雪沃塘"，意为"吉曲河下游的肥沃坝子"。

6世纪末7世纪初，山南雅隆部落势力扩张到拉萨北部。松赞干布的父亲囊日伦赞统治时，在娘、韦、嫩等家族的配合下，占领了拉萨地区。不久，松赞干布继位，决定将根据地从山南移到拉萨。

唐贞观七年（633年），松赞干布在拉萨建立了吐蕃王朝。随着吐蕃领土的扩张和对外交流的开展，商业活动渐渐频繁，形成了一些重要的商业聚集点，拉萨作为都城所在地，成为重要的商品集散地之一，在整个吐蕃贸易中占有重要地位。

唐大中十一年（857年），吐蕃社会彻底瓦解。此后数百年，吐蕃分裂为许多部，拉萨的地位急剧下降，许多历史建筑毁于战乱。

16世纪初，拉萨建立了密宗学院，形成了著名的上、下密院。从此，佛教开始在拉萨兴盛。

1951年，西藏和平解放，拉萨墨本管辖拉萨市区中心部分（林廓路以内）；雪巴列空管辖拉萨市郊洛麦溪等18宗溪。

1954年，拉萨墨本管辖拉萨市；卫区总管管辖尼木门喀溪等28宗溪。

1960年，设拉萨市，拉萨市共辖当雄（驻当曲卡）、尼木、曲水、堆龙德庆、达孜、林周、墨竹工卡等7县。

1964年，原林芝专区所属林芝（驻尼池村）、米林（驻东多村）、工布江达（驻介德）、墨脱4县划归拉萨市管辖。墨竹工卡县迁驻工卡；林芝县迁驻普拉。拉萨市辖11县。

1977年，拉萨市辖林周（驻旁多）、当雄（驻当曲卡）、墨竹工卡（驻工卡）、尼木（驻塔荣）、米林（驻东多村）、墨脱、达孜（驻德庆）、曲水（驻雪村）、堆龙德庆（驻朗嘎）、林芝（驻普拉）、工布江达等11县。

2015年11月，设立拉萨市堆龙德庆区。这是拉萨市继城关区后设立的第二个区。

2017年7月18日，撤销达孜县，设立拉萨市达孜区，以原达孜县的行政区域为达孜区的行政区域。

②地理环境。

◇位置：拉萨市位于西藏自治区东南部，雅鲁藏布江支流拉萨河北岸，地理坐标为东经91°06′，北纬29°36′。全市行政区域东西跨距277千米，南北跨距202千米，总面积29640平方千米。

◇地貌：拉萨地势北高南低，由东向西倾斜，中南部为雅鲁藏布江支流拉萨河中游河谷平原，地势平坦。在拉萨以北100千米处，屹立着念青唐古拉大雪山，念青唐古拉山脉屹立在西藏高原中部，山顶最高处海拔7162米，自西向东绵延约600千米，它西接岗库卡耻，东南延伸与横断山脉的伯舒拉岭相接，中部略向北凸出，是雅鲁藏布江和怒江两大水系的分水岭，同时将西藏自治区分为藏北、藏南、藏东南三大地域。"念青唐古拉"，在藏语中意为"灵应草原神"，这座山峰及其周边地区曾受到强烈的第四纪冰川作用，形成了如今较为陡峭的山岭，西北坡更是陡峭异常。

◇气候：拉萨市地处喜马拉雅山脉北侧，受下沉气流的影响，全年多晴朗天气，降雨稀少，冬无严寒，夏无酷暑，属高原温带半干旱季风气候。历史最高气温29.6℃，最低气温零下16.5℃，年平均气温7.4℃。降雨集中在6—9月，多夜雨，年降水量200～510毫米。太阳辐射强，空气稀薄，气温偏低，昼夜温差较大，冬春寒冷干燥且多风。年无霜期100～120天。全年日照时数3000小时以上，素有"日光城"的美誉。

◇水文：拉萨河是拉萨市的母亲河，发源于念青唐古拉山南麓嘉黎里彭措拉孔马沟。流经那曲、当雄、林周、墨竹工卡、达孜、城关、堆龙德庆，至曲水县，是雅鲁藏布江中游一条较大的支流，全长568千米，流域面积32871平方千米；最大流量每秒2830立方米。拉萨河在林周县唐古以上河谷呈"V"形，下至墨竹工卡县河谷逐渐变宽阔，沿河两岸是河谷冲积平原，宽度达1～10千米，这些地区气候温和，地势平坦，土质较厚，水源充沛，是西藏主要粮食产区之一。

③生态环境。

拉萨北部当雄全县和尼木、堆龙德庆、林周、墨竹工卡部分地区属藏北草原南沿，水草丰美，牧业兴旺，盛产牛羊肉类、酥油和牛绒、羊毛；中部是著名的拉萨河谷；南部居雅鲁藏布江中游，为西藏较好的农业区之一，盛产青稞、小麦、油菜籽和豆类，"拉萨一号"蚕豆更是享誉中外的优良品种。拉萨周围遍布具有经济价值和医疗作用的地热温泉，堆龙德庆区的曲桑温泉、墨竹工卡县的德仲温泉享誉整个西藏。

④自然资源。

全市境内江河年均流量340亿立方米，湖泊储水200亿立方米，地下水丰富，念青唐古拉山主峰及附近约578平方千米的冰川和永久积雪带储存大量固体水。河流（不含雅鲁藏布江过境段）水电资源蕴藏量255万千瓦，地热田年热流量发电潜力15万千瓦，地热地区天然热流量发电潜力26.8万千瓦，年太阳总辐射值达每平方厘米202千卡。拥有矿产资源50多种，刚玉、高岭土、自然硫储量位居全国前列，铅锌矿、铁矿和铜矿储量分别达到40万吨、230万吨和460万吨。动植物资源独特，以虫草、贝母、天麻、鹿茸、牛黄、红景天、雪莲花等为代表的动植物药材品种繁多，青稞、芫根、藏鸡、牦牛等高原特色农畜产品营养价值高。

2.沿途风景

（1）布达拉宫

布达拉宫位于中国西藏自治区首府拉萨市西北的玛布日山上，是宫堡式建筑群，布达拉宫的主体建筑为白宫和红宫两部分，传说是吐蕃王朝赞普松赞干布为迎娶尺尊公主和文成公主而兴建。17世纪重建后，成为历代达赖喇嘛的冬宫居所，为西藏政教合一的统治中心。1961年，布达拉宫成为国务院公布的第一批全国重点文物保护单位之一。1994年，布达拉宫被列为世界文化遗产。

布达拉宫

布达拉宫

（2）大昭寺

　　大昭寺，又名"祖拉康"、"觉康"（藏语意为佛殿），位于拉萨老城区中心，是一座藏传佛教寺院，由松赞干布建造，拉萨之所以有"圣地"之誉，　就与大昭寺有关。寺庙最初称"惹萨"，后来惹萨又成为这座城市的名称，并演化成当下的"拉萨"。大昭寺建成后，经过元、明、清历朝屡次修改扩建，才有了现今的规模。

　　大昭寺已有1300多年的历史，在藏传佛教中拥有至高无上的地位。大昭寺是西藏现存最辉煌的吐蕃时期的建筑，也是西藏最早的土木结构建筑，并且开创了藏式平川式寺庙布局规式。环大昭寺内部正中释迦牟尼佛殿的一圈被称为"囊廓"，环大昭寺外墙的一圈被称为"八廓"，大昭寺外辐射出的街道叫"八廓街"，即八角街。以大昭寺为中心，将布达拉宫、药王山、小昭寺包括进来的一大圈被称为"林廓"。这从内到外的三个环形，便是藏族群众行转经仪式的路线。

大昭寺

（3）小昭寺

　　小昭寺，藏语称其为"甲达绕木切"，位于西藏拉萨八廓街以北约500米处，始建于唐贞观十五年（641年，藏历铁牛年，吐蕃松赞干布时期），由文成公主主持修建。小昭寺现有建筑面积4000平方米，寺内主要供奉释迦牟尼8岁等身像，另有诸多珍贵文物。1962年被公布为自治区级重点文物保护单位，并在2001年被列为全国重点文物保护单位。

小昭寺

（4）拉萨河

　　拉萨河发源于念青唐古拉山南麓嘉黎里彭措拉孔马沟。流经那曲、当雄、林周、墨竹工卡、达孜、城关、堆龙德庆，至曲水县，是雅鲁藏布江中游一条较大的支流，全长568千米，流域面积32871平方千米；最大流量每秒2835立方米，最小流量每秒20立方米，年平均流量每秒287立方米；海拔由源头5500米变化为河口3582米，是世界上最高的河流之一。

（5）巴松措

　　巴松措又名措高湖，藏语意为"绿色的水"，位于距工布江达县巴河镇约36千米的巴河上游的高峡深谷里，是红教的著名神湖和圣地。巴松措景区长约18千米，湖面面积约27平方千米，最深处深120米，湖面海拔3700米，是西藏海拔最低的大湖（纳木措海拔4730米，羊卓雍错海拔4440米）。景区内森林密布，氧气含量比其他湖泊高，游客到此一般不会产生高原反应。巴松措集雪山、湖泊、森林、瀑布牧场、文物古迹、名胜古刹于一体，景色殊异，四时不同，各类野生珍稀植物汇集，实为人间天堂，有"小瑞士"的美誉。

巴松措风景区

川藏南线野生动物基本介绍

1.鸟纲

（1）黄喉雉鹑（四川雉鹑）

学名：*Tetraophasis szechenyii*

英文名：Scichuan Pheasant Partridge

系统位置：鸡形目 Galliformes 雉科 Phasianidae

基本信息：中型鸡类，体长43～49厘米。外形和雉鹑相似，但体色偏棕褐。颏、喉和前颈为棕黄或淡黄色，下胸和腹内翅栗色，尖端皮黄色。

生态习性：繁殖期主要栖息于海拔3500～4500米的针叶林、高山灌丛和林线以上的岩石苔原地带，冬季在海拔3500米以下的混交林和林缘地带活动。除繁殖期多成对或单独活动外，其他时候多成小群在林间地面上活动，夜间多栖息于低树枝。善于在地面行走和奔跑，不善飞翔，除遇危急情况外一般很少起飞。

食性：主要以植物根、叶、芽、果实和种子为食，也吃少量昆虫。

繁殖：繁殖期5—7月。营巢于地面岩石下或小灌木上，巢较隐蔽。每窝产卵3～7枚，卵白色沾红，被棕褐色斑点，椭圆形。孵卵由雌鸟承担。

分布区与保护：分布于西藏东部，青海东南部，云南西北部，四川西部。数量稀少，是我国特有种，已被列入《世界自然保护联盟濒危物种红色名录》（IUCN名录）——无危（LC）和《国家重点保护野生动物名录》，属国家一级保护野生动物。

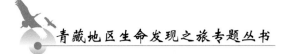

（2）藏雪鸡

学名： *Tetraogallus tibetanus*

英文名： Tibetan Snowcock

系统位置： 鸡形目 Galliformes　雉科 Phasianidae

基本信息： 大型鸡类，体长49～64厘米。头、颈褐灰色，上体土棕色，具黑褐色虫蠹状斑，翅上有较大的白斑。下体白色，前额和上胸各有暗色环带，下胸和腹具黑色纵纹。

生态习性： 主要栖息于海拔3000～6000米的森林上线至雪线之间的高山灌丛、苔原和裸岩地带。常在裸露岩石的稀疏灌丛和高山苔原、草甸等处活动，也常在雪线附近觅食，有时也与羊等偶蹄类动物在一起活动和觅食。喜结群，常成3～5只的小群活动。性胆怯而机警，远远发现人即逃走。觅食时不"设岗"，但休息时常有一只或几只老鸟站在高的岩石上放哨，发现敌害时发出长而高声的鸣叫。

食性： 主要以植物性食物为食。夏季主要啄食各种高山植物的嫩叶、芽和茎，冬季主要刨食植物根茎。偶尔也吃昆虫和小型无脊椎动物，有时还到农田中偷吃农作物，也吞食大量砂粒。

繁殖： 繁殖期5—7月。通常营巢于陡峭山岩背风处岩石上的草丛或灌丛中，也有的营巢于裸岩岩石缝中和崖石洞内。

分布区与保护： 藏雪鸡主要分布于我国青藏高原及邻近省（区）的高山裸岩地区。目前已被列入《国家重点保护野生动物名录》，属国家二级保护野生动物。

（3）高原山鹑

学名：*Perdix hodgsoniae*

英文名：Tibetan Partridge

系统位置：鸡形目 Galliformes　雉科 Phasianidae

基本信息：小型鸡类，体长23～32厘米。上体棕白色或沙色，密被黑褐色横斑，后颈和颈侧赤褐色、橙棕色或黄栗色，形成环状或半环状项带；眼下有一明显的黑斑。耳覆羽暗栗色。额、喉白色，胸白色，具较粗的黑色横斑，胸的两侧具栗色横斑，腹白色。

生态习性：栖息于海拔2500～5000米之间高山裸岩、高山苔原及亚高山矮树丛和灌丛地区，冬季可活动于海拔2500～3000米的生长有稀疏金雀花、矮树丛、杜松和石楠属植物的多岩山脚地带。除繁殖期外常成10多只的小群生活，善奔跑，在地上和灌丛中奔跑迅速。

食性：主要以高山植物和灌木的叶、芽、茎、浆果、种子、草籽、苔藓等植物性食物为食，也吃昆虫等动物性食物。

繁殖：繁殖期5—8月，3—4月间即开始繁殖鸣叫和出现求偶行为。成对后即离开群体，占区营巢。营巢于海拔4000米以上的高山苔原和裸岩地带。

分布区与保护：主要分布于青藏高原及甘肃、四川等省（区）。

（4）血雉

学名：*Ithaginis cruentus*

英文名：Blood Pheasant

系统位置：鸡形目 Galliformes　雉科 Phasianidae

基本信息：大中型鸡类，体长37～47厘米。头有羽冠，雄鸟体羽主要为污灰色，细长而松软，呈披针形。颈淡土灰色，具宽的白色羽干纹；胸部尾羽宽，具宽阔的绯红色羽缘；脚橙红色，常具两个短距。雌鸟大都暗褐色。

生态习性：栖息于雪线附近的高山针叶林、混交林及杜鹃灌丛中，多在海拔1700～3000米地带活动。有明显的季节性垂直迁徙现象，夏季有时可上到海拔3500～4500米的高山灌丛地带，冬季多在海拔2000～3000米的中低山和亚高山地区越冬。常成几只至几十只的群体活动。通常天一亮就开始活动，一直到黄昏，中午常在岩石上或树荫处休息。白天主要在林下地上活动，晚上到树上休息。

食性：以植物性食物为主，用嘴啄食，常常边走边啄，啄食速度快，很少用嘴和脚刨土取食。春季和冬季以各种树木的嫩叶、芽苞、花絮为食，夏季和秋季主要以各种灌木和草本植物的嫩枝、嫩叶、浆果、果实和种子为食，也吃苔藓、地衣和部分动物性食物（如蜗牛、马陆、蜈蚣、蜂蛛），以及各种昆虫的幼虫。

繁殖：繁殖期4—7月。通常在3月末4月初群体即分散开来，并出现求偶行为和争偶现象。一雌一雄制，雌雄鸟常成对活动，相距较近。通常营巢于亚高山或高山针叶林和混交林中，巢较密集。

分布区与保护：分布于西藏、四川，南至云南西北部，北达青海和甘肃的祁连山脉以及陕西南部秦岭等地。属国家二级保护野生动物。

（5）勺鸡

学名：*Pucrasia macrolopha*

英文名：Koklass Pheasant

系统位置：鸡形目 Galliformes　雉科 Phasianidae

基本信息：中型鸡类，体长40～63厘米。雄鸟鸟头呈金属暗绿色，具棕褐色和黑色长形冠羽，颈部两侧各有一白斑；上体羽毛多呈披针形，灰色，具黑色纵纹；尾为楔形，中央尾羽特长。下体中央至下腹深栗色。雌鸟体羽主要为棕褐色，头顶亦具羽冠，但较雄鸟短，耳羽后下方具淡棕白色斑。下体大都淡栗黄色，具棕白色羽干纹。

生态习性：栖息于海拔1000～4000米的阔叶林、针阔叶混交林和针叶林中，尤其喜欢湿润、林下植被发达、地势起伏而又多岩石的混交林地带，有时也出现于林缘灌丛和山脚灌丛地带。常成对或成群活动。性机警，胆小怕人。晚上多栖息于树上，白天大部分时间用于觅食，早晚觅食时常边吃边叫。

食性：主要以植物嫩芽、嫩叶、花、果实、种子等植物性食物为食。所食植物因南北地区和季节不同而有较大变化。此外也吃少量昆虫、蜘蛛、蜗牛等动物性食物。

繁殖：繁殖期3—7月，南方较早，北方较晚。一雌一雄制，繁殖期雄鸟之间有时为争夺雌鸟而殴斗。通常营巢于阔叶林和针阔叶混交林内，巢多置于树干基部旁边、枯枝堆和岩石下以及灌丛和草丛中，甚为隐蔽，结构较简单，通常由亲鸟在地面刨出一圆形凹坑，内再垫枯草和落叶即成。

分布区与保护：分布于西藏的极东南部，云南西部。已被列入《国家重点保护野生动物名录》，属国家二级保护野生动物。

（6）白马鸡

学名： *Crossoptilon crossoptilon*

英文名： White Eared Pheasant

系统位置： 鸡形目 Galliformes　雉科 Phasianidae

基本信息： 大型鸡类，体长80～100厘米。通体大都白色，头侧绯红色；头顶具黑色短羽，耳羽簇白色，向后延伸，凸向头后，呈短角状。胸淡灰色或白色，飞羽灰褐色，尾羽特长，大都辉绿蓝色，末端沾紫色光泽，羽枝大都分离，披散而下垂。

生态习性： 主要栖息于海拔3000～4000米的高山和亚高山针叶林、针阔叶混交林带，有时上到林线上林缘疏林灌丛中活动，冬季有时也到海拔2800米左右的常绿阔叶林和落叶阔叶林带活动。喜集群，常成群活动，特别是冬季至春季，有时集群多达50～60只。群中常有一只健壮的雄鸡充当头鸟，它不时昂首观望，警惕性很高。清晨天一亮即开始活动和觅食，一直到黄昏。中午多在树荫处休息，晚上栖于树上。常在早晨和傍晚鸣叫，鸣声洪亮短促。

食性： 主要以灌木和草本植物的嫩叶、幼芽、根、花蕾、果实和种子为食。此外也吃蕨麻、草叶、草根、云杉的花和果、海棠果、青稞种子，以及蜘蛛、蜈蚣、步行虫等动物性食物。

繁殖： 繁殖期5—7月。4月中旬群即开始逐渐分散成小群并配对，一雄一雌制。营巢于海拔3000～4000米的向阳坡针叶林中，巢多置于林下灌丛的地面上、倒木下或林中岩洞中，周围均有灌木或高草隐蔽。孵卵由雌鸟承担，雄鸟在巢附近活动和警戒。雏鸟早成性，出壳后不久即随亲鸟离巢活动。

分布区与保护： 分布于四川西部、青海南部及西藏东部。白马鸡是我国特有种，数量稀少，分布区域较小，已被列入《中国濒危动物红皮书》和《国家重点保护野生动物名录》，属国家二级保护野生动物。

（7）环颈雉

学名：*Phasianus colchicus*

英文名：Common Pheasant

系统位置：鸡形目 Galliformes　雉科 Phasianidae

基本信息：大型鸡类，体长58～90厘米，雌鸟明显较雄鸟小。雄鸟羽色华丽，富有金属光泽，颈大都呈金属绿色，部分具有白色颈圈；脸部裸出，红色；头顶两侧各有一束耸立，羽端为方形耳羽簇；下背和腰多为蓝灰色，羽毛边缘披散如毛发状；尾羽长而有横斑，中央尾羽脚外侧尾羽长。雌鸟羽色暗淡，大都为褐色和棕黄色，杂以黑斑，尾亦较短。

生态习性：栖息于低山丘陵、农田、沼泽草地以及林缘灌丛和公路两边的灌丛与草地中，多活动于海拔3200米以下的荒坡、草灌丛中。善于奔跑，也善于匿藏。飞行速度较快，但一般飞行不持久，飞行距离也不远。

食性：杂食性。所吃食物随地区和季节的变化而变化。主要吃植物的果实、种子、芽、叶、嫩枝、草茎和谷物，也吃昆虫和其他小型无脊椎动物，此外常到耕地扒食谷籽与禾苗。

繁殖：繁殖期3—7月，南方较北方早。营巢于草丛、芦苇丛或灌丛的地上，也在隐蔽的树根旁或麦地里营巢。

分布区与保护：分布范围最广。见于四川、西藏各地，遍及全国。被列入IUCN名录——无危（LC）。

（8）斑头雁

学名： *Anser indicus*

英文名： Bar-headed Goose

系统位置： 雁形目 Anseriformes　鸭科 Anatidae

基本信息： 中型雁类，体长62～85厘米，体重2～3kg。通体大都灰褐色，头和颈侧白色，头顶有二道黑色带斑。

生态习性： 繁殖在高原湖泊，尤喜咸水湖，也选择淡水湖和开阔而多沼泽地带。在低地湖泊、河流和沼泽地越冬。性喜集群，繁殖期、越冬期和迁徙季节，均成群活动。性机警，见人侵入即高声鸣叫，并立即飞到离入侵者较远的地方。以陆栖为主，多数时间生活在陆地上，善行走。

食性： 主要以禾本科和莎草科植物的叶、茎、青草和豆科植物种子等植物性食物为食，也吃贝类、软体动物和其他小型无脊椎动物。多于晚上在植物茂密、人迹罕至的湖边和浅滩多水草的地方觅食，冬季也到农田中觅食。

繁殖： 通常在3月末4月初进入繁殖地。多成小群迁来，在湖边草地或湖中未融化的冰块上成群活动，并逐渐形成对和在群中出现追逐行为。4月初对已基本形成，开始出现交配活动。通常营巢于人迹罕至的湖边或湖心岛上，也有在悬崖和矮树上营巢的，常呈现密集的群巢。

分布区与保护： 分布于青海、西藏的沼泽和湖泊，冬季迁至我国中部及南部地区。

（9）赤麻鸭

学名：*Tadorna ferruginea*

英文名：Ruddy Shelduck

系统位置：雁形目 Anseriformes　鸭科 Anatidae

基本信息：体型较大，体长51～68厘米，体重约1.5千克，比家鸭稍大。全身赤黄褐色，翅上有明显的白色翅斑和铜绿色翼镜；嘴、脚、尾黑色；雄鸟有一黑色颈环。飞翔时黑色的飞羽、尾、嘴和脚，黄褐色的体羽与白色的翼上和翼下覆羽形成鲜明的对照。

生态习性：栖息于江河、湖泊、河口、水塘及其附近的草原、荒地、沼泽、沙滩、农田和平原疏林等各类生境中，尤喜平原上的湖泊地带。主要在内陆淡水湖生活，有时也见于海边沙滩和咸水湖区及远离水域的开阔草原。性机警，人难以接近。

食性：主要以水生植物的叶、芽、种子，农作物幼苗，谷物等植物性食物为食，也以昆虫、甲壳类、软体动物（如虾、水蛭、蚯蚓、小蛙和小鱼）等动物性食物为食。多在黄昏和清晨觅食，有时白天也觅食，特别是秋冬季节。

繁殖：繁殖期成对生活，非繁殖期以家族群和小群生活，有时也集成数十只甚至近百只的大群。赤麻鸭2龄时性成熟。通常一年繁殖一次，偶有一年繁殖两次的。繁殖期4—6月。通常在开阔的平原繁殖，也发现在海拔5700米的西藏高山上繁殖的情况。营巢于开阔平原草地上的天然洞穴或其他动物的废弃洞穴、墓穴以及山间和湖泊岛屿上的土洞、石穴中。

分布区与保护：分布于青海、西藏各地，为冬候鸟或旅鸟。

（10）斑嘴鸭

学名：*Anas poecilorhyncha*

英文名：Eastern Spot-billed duck

系统位置：雁形目 Anseriformes　鸭科 Anatidae

基本信息：大型鸭类，体型大小和绿头鸭相似，体长50～64厘米，体重1千克左右。雌、雄鸟羽色相似。上嘴黑色，先端黄色，脚橙黄色，脸至上颈侧、眼先、眉纹、额和喉均为淡黄白色，远处看起来呈白色，与较深的体色呈明显反差。

生态习性：斑嘴鸭是我国鸭类中数量最多和最为常见的种类之一。主要栖息在内陆各大小湖泊、水库、江河、水塘、河口、沙洲和沼泽地带，迁徙期间和冬季也出现在沿海和农田地带。除繁殖期外，常成群活动，也和其他鸭类混群活动。善游泳，亦善行走，但很少潜水。活动时常成对或分散成小群游于水面，休息时多集中在岸边沙滩或水中小岛上。有时将头反于背上，将嘴插于翅下，漂浮于水面休息。清晨和黄昏则成群飞往附近农田、沟渠、水塘和沼泽地上觅食。

食性：主要吃植物性食物，常见的有水生植物的叶、嫩芽、茎、根和松藻、浮藻等水生藻类，草籽和谷物种子。也吃昆虫、软体动物等动物性食物。

繁殖：繁殖期5—7月。营巢于湖泊、河流等的岸边草丛中或芦苇丛中，也营巢于海岸岩石间或水边竹丛中，在山区森林、河流岸边、岩壁缝隙中亦有营巢的情况。巢主要由草茎和草叶构成。

分布区与保护：在我国东北、内蒙古、华北及华南地区繁殖，西抵青海、四川、云南等地，在长江以南地区终年留居，冬季亦见于西藏南部。斑嘴鸭是我国家鸭祖先之一，野生种群极为丰富，也是我国传统狩猎鸟类之一，每年都有很大的猎取量。近年来，由于过度狩猎加之生境条件恶化，种群数量日趋减少。

（11）琵嘴鸭

学名：*Anas clypeata*

英文名：Shoveler

系统位置：雁形目 Anseriformes　鸭科 Anatidae

基本信息：中型鸭类，个体比绿头鸭稍小，体长43～51厘米，体重0.5千克左右。雄鸭头至上颈呈暗绿色且具光泽，背黑色，背的两边以及外侧肩羽和胸白色，且连成一体，翼镜金属绿色，腹和两胁栗色，脚橙红色，嘴黑色，大而扁平，先端扩大成铲状，形态极为特别，很容易辨认。雌鸭略较雄鸭小，外貌特征亦不及雄鸭明显，但凭它大而呈铲状的嘴，亦容易和其他鸭类相区别。

生态习性：栖息于开阔地区的河流、湖泊、水塘、沼泽等水域环境中，也出现在山区河流、高原湖泊、小水塘和沿海沼泽及河口地带，亦在村镇附近的污水塘和水田中出现。常成对或成3～5只的小群，也有单只活动的，在迁徙季节会集成较大的群体。多在有烂泥的水塘和浅水处活动和觅食。常漫游在水边浅水处，行动极为谨慎小心，若发现人，则立即停止活动，伸头观望四方，若有危险，立刻向远处游去或者突然从水面起飞。

食性：主要以螺、软体动物、甲壳类、水生昆虫、鱼、蛙等动物性食物为食，也食水藻、草籽等植物性食物。

繁殖：通常在4月中旬至4月末到达我国东北地区的繁殖地，在南方越冬地时即已配成对。常成对或以对为单位组成小群到达繁殖地，之后雄鸟即忙于占领巢域，雌鸟则开始寻觅位置营巢。营巢于水域附近的地面草丛中。巢较简陋，利用天然凹坑稍加修整而成，内放干草茎和草叶，在开始孵卵后也放一些绒羽于巢四周。

分布区与保护：在新疆西部及东北北部繁殖；迁徙经东北南部、内蒙古、青海、新疆及华北各省（区）；在长江中、下游以南各省（区）包括台湾越冬，西可至西藏南部。

（12）普通秋沙鸭

学名： *Mergus Merganser*

英文名： Common Merganser

系统位置： 雁形目 Anseriformes　鸭科 Anatidae

基本信息： 普通秋沙鸭是秋沙鸭中个体最大的一种，体长54～68厘米，体重最大可达2千克。雄鸟鸟头和上颈为黑褐色且具绿色金属光泽，枕部有短的黑褐色冠羽，使头颈显得较为粗大。下颈、胸以及整个下体和体侧为白色，背黑色，翅上有大白斑，腰和尾呈灰色。雌鸟鸟头和上颈棕褐色，上体灰色，下体白色，冠羽短，喉白色，具白色翼镜。

生态习性： 繁殖期主要栖息于森林附近的江河、湖泊和河口地区及开阔的高原地区水域。非繁殖期主要栖息于大的内陆湖泊、江河、水库、池塘、河口等淡水水域，偶尔到海湾、河口及沿海潮间地带活动。常成小群活动，迁徙期间和冬季，常集成数十甚至上百只的大群活动，偶尔也见单只活动。

食性： 主要通过潜水觅食。食物主要为眼子菜、水草等水生植物，也吃昆虫及其幼虫、小鱼、甲壳类、软体动物、蠕虫等水生动物。

繁殖： 繁殖期5—7月。通常成小群到达繁殖地。多于早冬季和春季迁徙的路上配成对，亦有在到达繁殖地后才形成对的情况。到达繁殖地后不久，群即逐渐分散，成对到富有鱼和其他水生动物的林中溪流寻找巢位。通常营巢于紧靠水边的老龄树天然树洞中，也在岸边岩石缝隙、地穴、灌丛与草丛中营巢。

分布区与保护： 繁殖于黑龙江、新疆、青海及西藏南部地区，在繁殖地以南各地越冬。

（13）凤头鸊鷉

学名：*Podiceps cristatus*

英文名：Great Crested Grebe

系统位置：鸊鷉目 Podicipediformes　鸊鷉科 Podicipedidae

基本信息：中型游禽，是鸊鷉中个体最大者。体长45～48厘米，体重0.5～1千克。嘴长而尖，从嘴角至眼有一黑线；颈较细长，向上伸直，与水面常保持垂直的角度。夏羽头侧至颈部白色，前额至头顶黑色，并具两束黑色冠羽；耳区至头顶和喉有由长的饰羽形成的皱领，其基部棕栗色，端部黑白两色；后颈至背黑褐色；前颈、胸和其余下体白色；两胁棕褐色。

生态习性：繁殖期主要栖息于开阔的平原、湖泊、江河、水塘、水库和沼泽地带，尤喜富有挺水植物和鱼类的湖泊和水塘；冬季则多栖息在沿海海湾、河口、大的内陆湖泊、水流平缓的河流和沿海沼泽地带。常成对和成小群在开阔的水面活动。善游泳和潜水，游泳时颈向上伸得很直，和水面保持垂直的角度。

食性：主要以各种鱼类为食，也吃昆虫及其幼虫，甲壳类（如虾、蝲蛄），软体动物等水生无脊椎动物，偶尔吃少量水生植物。

繁殖：繁殖期5—7月，通常营巢于距离水面不远的芦苇丛和水草丛中。成对分散营巢或成小群聚集营巢，巢属浮巢。

分布区与保护：分布于西藏、青海各地。

（14）黑颈䴙䴘

学名：*Podiceps nigricollis*

英文名：Black-necked Grebe

系统位置：䴙䴘目 Podicipediformes 䴙䴘科 Podicipedidae

基本信息：中型水鸟，个体较角䴙䴘稍小，体长25～34厘米，体重不到0.5千克。嘴黑色，细而尖，微向上翘，眼红色。夏羽头、颈和上体黑色，两胁红褐色，下体白色，眼后有呈扇形散开的金黄色饰羽。冬羽头顶、后颈和上体黑褐色，颏、喉和两颊灰白色，前颈和颈侧淡褐色，其余下体白色，胸侧和两胁杂有灰黑色，无眼后饰羽。

生态习性：繁殖期栖息于内陆淡水湖泊、水塘、河流及沼泽地带，特别是在富有岸边植物的大小湖泊和水塘中较为常见。非繁殖期栖息在沿海海面、河口、池塘及沼泽地带，也出现在内陆湖泊、江河、水塘及沼泽地带。白天通常成对或成小群在开阔水面活动。繁殖期则多在挺水植物丛中或附近水域中活动，遇人则躲入水草丛。日活动时间较长，从清晨一直到黄昏，几乎全在水中，一般不到陆地活动，活动时频频潜水，每次潜水时间可达30～50秒。

食性：主要通过潜水觅食。食物主要为昆虫及其幼虫、各种小鱼、蛙、蝌蚪、蠕虫以及甲壳类和软体动物，偶尔也吃少量水生植物。

繁殖：繁殖期为5—8月。每年4月初至4月中旬迁入繁殖地，营巢于有芦苇或三棱草等水生植物的湖泊和水塘中。常成对或成小群营巢。通常营浮巢，巢较为简陋，由死的水生植物堆积而成。

分布区与保护：在新疆西北部、内蒙古、黑龙江和吉林繁殖，迁徙时经过我国东部各省，在云南、四川盆地和东南沿海越冬。黑颈䴙䴘冬季在我国南部沿海和福建一带曾较为常见，但近年种群数量已变得稀少。属国家二级保护野生动物。

（15）岩鸽

学名：*Columba rupestris*

英文名：Blue Hill Pigeon

系统位置：鸽形目 Columbiformes 　 鸠鸽科 Columbidae

基本信息：中型鸟类，体长29～35厘米。体型大小和羽色均与家鸽相似，头和颈上部暗灰色，颈下部、背和胸上部有闪亮的绿色和紫色，翅上有两道不完整的黑色横斑，下背白色，尾中部具宽阔的白色横带。

生态习性：主要栖息于山地岩石和悬崖峭壁处，最高可达海拔5000米以上的高山和高原地区。常成群活动，多结成小群到山谷和平原田野中觅食，有时也结成近百只的大群。性较温顺，不甚怕人。叫声"咕咕"，和家鸽相似，鸣叫时频频点头。

食性：主要以种子、果树、球茎、块根等植物性食物为食，也吃麦粒、青稞、谷粒、玉米、豌豆等农作物种子。

繁殖：繁殖期4—7月。营巢于人类难以到达的山地岩石缝隙和悬崖峭壁洞中，也在平原地区古塔顶部和高的建筑物上营巢。巢由细枯枝、枯草和羽毛构成，呈盘状。每窝通常产卵2枚，1年或繁殖2窝。雌雄亲鸟轮流孵卵，孵化期18天。雏鸟晚成性。

分布区与保护：分布于青海、西藏各地。

（16）大杜鹃

学名：*Cuculus canorus*

英文名：Common Cuckoo

系统位置：鹃形目 Cuculiformes　杜鹃科 Cuculidae

基本信息：中型鸟类，体长28～37厘米。上体暗灰色，翅缘白色，杂有窄细的白色横斑。尾无黑色亚端斑，腹具细密的黑褐色横斑。额浅灰褐色，头顶、枕至后颈暗银灰色。背暗灰色。两侧尾羽浅黑褐色。

生态习性：栖息于山地、丘陵和平原地带的森林中，有时也出现于农田和居民点附近高大的乔木上。性孤僻，常单独活动。

食性：主要以松毛虫、舞毒蛾、松针枯叶蛾，以及其他鳞翅目幼虫为食，也吃蝗虫、步行虫、叩头虫、蜂等昆虫。

繁殖：繁殖期5—7月。无固定配偶，亦不自己营巢和孵卵，而是将卵产于麻雀、伯劳、棕头鸦雀、北红尾鸲等各类雀形目鸟类巢中，让这些鸟代孵代育。

分布区与保护：数量较多，分布比较广泛。大杜鹃是一种有益森林的鸟类，能消灭大量森林害虫，在保护植物和维持自然生态平衡方面都很有意义，应注意保护。

（17）黑颈鹤

学名：*Grus nigricollis*

英文名：Black-necked Crane

系统位置：鹤形目 Gruiformes　鹤科 Gruidae

基本信息：大型涉禽，体长110～120厘米。颈、脚甚长，通体灰白色，眼先和头顶裸露皮肤暗红色，头和颈黑色，尾和脚亦为黑色。特征甚明显，在野外容易被识别。

生态习性：栖息于海拔3000～5000米的高原草甸沼泽地带和芦苇沼泽地带以及湖滨草甸沼泽地带和河谷沼泽地带。除繁殖期常单独、成对或成家族群活动外，其他季节多成群活动，特别是冬季在越冬地，常成数十只的大群活动。从天亮开始活动，一直到黄昏，大部分时间用于觅食。中午多在沼泽边或湖边浅滩处休息，休息时一脚站立，将嘴插于背部羽毛中。

食性：主要以植物叶、根茎、块茎及荆三棱、水藻、玉米等为食。

繁殖：繁殖期5—7月。一雌一雄制。通常在3月中下旬到达繁殖地后，即开始求偶和配对。通常营巢于四周环水的草墩上或茂密的芦苇丛中，巢甚简陋，主要由就近收集的枯草构成，雏鸟早成性，孵出当日即能行走。

分布区与保护：黑颈鹤是珍稀濒危鸟类，主要繁殖于青藏高原、甘肃、四川，于云贵高原越冬。在四川分布于宜宾、甘孜、阿坝、凉山、雅安等地。目前，国际鸟类保护委员会已将黑颈鹤列入IUCN名录，我国亦将黑颈鹤列入《国家重点保护野生动物名录》，属国家一级保护野生动物。

（18）鹮嘴鹬

学名：*Ibidorhyncha struthersii*

英文名：Ibis-bill

系统位置：鸻形目 Charadriiformes　反嘴鹬科 Recurvirostridae

基本信息：中型涉禽，体长37～42厘米。嘴细长，向下弯曲呈弧形，红色。鼻孔呈直裂状，亦为红色。上体和胸为灰色，胸以下白色。灰色胸和白色腹之间有一显著的黑色胸带，黑色胸带和灰色胸之间又有一窄的白色胸带。头顶至嘴基，包括脸和喉黑色，黑色外缘以白色镶边。飞行时在初级飞羽基部上面可见到一大块白斑。下面除黑色胸带和灰色颈之外，全为白色。

生态习性：栖息于山地、高原和丘陵地区的溪流和多砾石的河流沿岸，海拔从东部的近海平面到西部的4500米左右的高山地区，冬季多到低海拔的山脚地带活动。性机警。

食性：主要以蠕虫、蜈蚣和昆虫等为食，也吃小鱼、虾、软体动物。

繁殖：繁殖期5—7月，成对营巢繁殖。通常营巢于河岸边砾石间或山区溪流间的小岛上。巢甚简陋，在砾石间稍微扒出一浅坑，内无任何铺垫物，或仅放一些小圆石。

分布区与保护：分布于自新疆西部，东至河北山地，南抵西藏昌都、四川、云南等地。属国家二级保护野生动物。

（19）黑鹳

学名：*Ciconia nigra*

英文名：Black Stork

系统位置：鹳形目 Ciconiiformes　鹳科 Ciconiidae

基本信息：大型涉禽，体长100～120厘米，体重2～3千克，在地上站立时身高近1米。头、颈、脚均甚长，上体黑色，下体白色，嘴和脚红色。

生态习性：繁殖期栖息在偏僻而无干扰的开阔森林及森林河谷与森林沼泽地带，也常出现在荒原和荒山附近的湖泊、水库、水渠、溪流、水塘及沼泽地带；冬季主要栖息于开阔的湖泊、河岸和沼泽地带，有时也出现在农田和草地。性孤独，常单独或成对活动，有时也成小群活动。白天活动，晚上多成群栖息在水边沙滩或水中沙洲上。不善鸣叫，活动时悄然无声。性机警而胆小，听觉、视觉均很发达，当人还离得很远时就凌空飞起。从地面起飞时需要先在地面奔跑一段距离，用力扇动两翅才能飞起，善飞行，能在浓密的树枝间飞翔前进；飞翔时头颈向前伸直，两脚并拢，远远伸出于尾后。在地上行走时跨步较大，步履轻盈。休息时常单脚或双脚站立于水边沙滩上或草地上，缩脖成驼背状。

食性：主要以鱼类和水生昆虫为食。通常在干扰较少的河渠、溪流、湖泊、水塘、农田、沼泽和草地上觅食。

繁殖：繁殖期4—7月。通常营巢于森林中河流两岸的悬崖峭壁上。巢距水域等觅食地一般都在2千米以上，在荒原多营巢在距最近的湖泊和水库均在7千米以上的地方。在荒山地区则多营巢在被雨水急剧冲刷的干河或深沟两壁悬岩上。通常成对或单独营巢，巢甚隐蔽，不易被发现。3月初至4月中旬开始营巢，巢间距最近2000～3000米。如果当年繁殖成功和未被干扰，则该巢第二年还将被继续利用，但每年都要重新对其进行修补和增加新的巢材，因此巢随使用年限的增加而变得愈来愈庞大。

分布区与保护：分布于青海西宁和青海东北部，属国家一级保护野生动物。

（20）普通鸬鹚

学名：*Phalacrocorax carbo*

英文名：Great Cormorant

系统位置：鹈形目 Pelecaniformes　鸬鹚科 Phalacrocoracidae

基本信息：大型水鸟，体长72～87厘米，体重大于2千克。通体黑色，头颈具紫绿色光泽，两肩和翅具青铜色光彩，嘴角和喉囊黄绿色，眼后下方白色，繁殖期脸部有红色斑，头颈有白色丝状羽，下胁具白斑。常成群栖息于水边岩石上或水中，呈垂直站立姿势。

生态习性：栖息于河流、湖泊、池塘、水库、河口及其沼泽地带。常成小群活动。善游泳和潜水，游泳时身体下沉较深，颈垂直向上伸直，头微向上倾斜。潜水时先半跃出水面，再翻身潜入水下。飞行时头颈向前伸直，脚伸向后，两翅扇动缓慢，飞行较低，掠水面而过。休息时站在水边岩石上或树上，呈垂直站立姿势，并不时扇动两翅。

食性：以各种鱼类为食。主要通过潜水捕食。潜水一般不超过4米，但能在水下追捕鱼类达40秒，追捕到鱼后上到水面吞食。有时亦长时间站立在水边岩石上或树上静静地窥视，发现猎物后再潜入水中追捕。

繁殖：繁殖期4—6月。通常以对为单位成群营巢，到达繁殖地时已基本成对。营巢于湖边、河岸或沼泽地中的树上，也有在湖边或河边岩石地上或湖心小岛上营巢的情况。巢由枯枝和水草构成，亦喜欢利用旧巢，到达繁殖地后不久即开始修理旧巢和建筑新巢。

分布区与保护：分布于中国东北部、中部，新疆西部和北部，西藏西部和南部，越冬时向南沿着中国海岸迁抵华南地区。

（21）胡兀鹫

学名：*Gypaetus barbatus*

英文名：Lammergeier

系统位置：鹰形目 Accipitriformes　鹰科 Accipitridae

基本信息：大型猛禽，体长100～115厘米。头、颈部裸露，完全被羽，锈白色，有一条宽阔的黑纹经过眼往下到颏；颏部有长而硬的黑毛，形成特有的"胡须"。上体暗褐色或黑色，下体橙皮黄色或皮黄白色，飞翔时两翅窄，长而尖。翼角弯曲向后呈一定角度。尾甚长，呈现明显的楔形尾。

生态习性：生活在高原和高山裸露的岩石地区，在海拔1000～5000米的高山地带活动。性孤独，常单独活动，不与其他猛禽合群。常在山顶或山坡上空缓慢翱翔，头向下低垂，并不断左右活动，紧盯着地面，寻找食物。

食性：主要以大型动物尸体为食，喜食新鲜尸体和骨头，也吃陈腐尸体。有时也猎取水禽、受伤的雉鸡、鹑类和野兔等小型动物。常在裸露的山顶或山坡上空缓慢飞行搜寻食物。除特别饥饿时会为争抢食物赶走正在吃食的猛禽外，一般不和其他猛禽争抢食物，而是在一边等待其他猛禽吃完后，才去吃剩下的残肉、内脏和骨头。

繁殖：繁殖期2—5月。营巢于高山悬崖岩壁上的大的缝隙和岩洞中。巢为盘状，内面稍凹，主要由枯枝构成，内放枯草、细枝、棉花、废物碎片等。

分布区与保护：分布于青海、西藏各地，数量稀少，已被列入《国家重点保护野生动物名录》，属国家一级保护野生动物。

（22）金雕

学名：*Aquila chrysaetos*

英文名：Golden Eagle

系统位置：鹰形目 Accipitriformes　鹰科 Accipitridae

基本信息：大型猛禽，体长78～105厘米。体羽暗褐色，后头、枕和后颈羽毛尖锐，呈披针形，金黄色；尾较长而圆，灰褐色，具黑色横斑和端斑；跗跖被羽。幼鸟尾羽白色，具宽阔的黑色端斑，飞羽基部亦为白色，在翼下形成一大片的白斑，飞翔时极为醒目。

生态习性：栖息于高山草原、荒漠、河谷和森林地带，冬季亦常到山地丘陵和山脚平原处活动，分布区最高可到海拔4000米以上。白天通常单独或成对活动，冬天有时亦成小群活动。飞行迅速，常沿直线或圈形翱翔于高空，两翅上举呈"V"形，通过柔软而灵活的两翼和尾的变化来调节飞行方向、高度、速度和飞行姿势。

食性：主要捕食大型鸟类和兽类，如雉、鹑、鸭、旱獭、野兔、狍、山羊、鼠兔、松鼠、狐等，有时也吃死尸。

繁殖：繁殖较早。通常营巢于针叶林、针阔叶混交林或疏林内高大的红松和落叶松上，也在杨树和柞树上营巢，也有在悬崖峭壁上营巢的情况。

分布区与保护：分布于西宁、门源、青海湖、喜马拉雅山脉。数量稀少，已被列入《国家重点保护野生动物名录》，属国家一级保护野生动物。

（23）大鵟

学名：*Buteo hemilasius*

英文名：Upland Buzzard

系统位置：鹰形目 Accipitriformes　鹰科 Accipitridae

基本信息：大型猛禽，体长56～71厘米，是我国鵟中个体最大者。体色变化比较大，上体通常为暗褐色，下体白色至棕黄色，具暗色斑纹，尾暗褐色或黑褐色。尾具3～11条暗色横斑，跗跖前面通常被羽。

生态习性：栖息于山地和山脚平原与草原地区，也出现在高山林缘和开阔的山地草原与荒漠地带，垂直分布可达海拔4000米以上的高原山区；冬季也常出现在低山丘陵和山脚平原地带的农田、芦苇沼泽地、村庄甚至城市附近。日出性。通常单独或成小群活动。飞翔时两翼鼓动较慢。天气暖和的时候，常于中午在空中作圈形翱翔。休息时多栖息于地面、山顶、树梢或其他凸出物体上。

食性：主要以蛙、蜥蜴、野兔、蛇、黄鼠、鼠兔、旱獭、雉鸡、石鸡、昆虫等动物性食物为食。主要通过在空中飞翔觅食或站在地上和高处等待猎物。

繁殖：繁殖期5—7月。通常营巢于悬崖峭壁上或树上，巢附近多有小的灌木保护。巢呈盘状，可多年利用，但每年都要补充巢材，因此使用年限久的巢直径可达1米。巢主要由干的树枝构成，内垫有干草、羽毛、碎片和破布等。

分布区与保护：分布于青海、西藏各地。已被列入《国家重点保护野生动物名录》，属国家二级保护野生动物。

（24）纵纹腹小鸮

学名：*Athene noctua*

英文名：Little Owl

系统位置：鸮形目 Strigiformes 鸱鸮科 Strigidae

基本信息：小型鸮类，体长20～26厘米。面盘和皱领不明显，亦无耳簇羽。上体沙褐或灰褐色，并散缀有白色斑点；下体棕白色，有褐色纵纹。腹中央至肛周和覆腿羽白色，跗跖和趾均被棕白色羽。

生态习性：栖息于低山丘陵、林缘灌丛和平原森林地带，也出现在农田、荒漠和村屯附近的树林中或树上。主要在晚上活动，常在荒坡或农田地边的大树或电杆顶端静待，等附近地面出现猎物或低空飞过猎物时，快速追击捕猎食物。

食性：主要以鼠类和鞘翅目昆虫为食，也捕食小鸟、蜥蜴、蛙和其他小型动物。主要在黄昏和白天猎食。

繁殖：繁殖期5—7月。通常营巢于悬岩缝隙、岩洞等各种天然洞穴中，有时也利用树洞或自己挖掘营巢。

分布区与保护：常见于北方各省及西部的大多数地区。数量稀少，已列入《国家重点保护野生动物名录》，属国家二级保护野生动物。

（25）戴胜

学名：*Upupa epops*

英文名：Hoopoe

系统位置：佛法僧目 Coraciiformes　戴胜科 Upupidae

基本信息：中型鸟类，体长25～32厘米。头顶具扇形羽冠，呈棕栗色，各羽均具黑色端斑，后部的冠羽还具白色次端斑；头侧、颈、额、喉及胸部均呈棕栗色；背部棕褐色；腰和肩羽黑褐色，具白色或棕白色横斑；前部尾上覆羽白色，后部尾上覆羽黑色；尾羽黑色，具一道较宽的白斑，中央尾羽的白斑居中，外侧尾羽的白斑向外逐渐移至端部。雌鸟羽色与雄鸟相似，唯腋羽及翼下覆羽基部通常为灰褐色。

生态习性：栖息于山地、平原等开阔地方，尤其以林缘耕地较为常见。冬季主要在山脚平原等低海拔地区，夏季可上到海拔3000米的高海拔地区。多单独或成对活动。飞翔时两翅扇动缓慢，呈一起一伏的波浪式前进。鸣声似"扑——扑——扑"，粗壮而低沉。鸣叫时冠羽耸起，旋又伏下，随着叫声，羽冠一起一伏。

食性：主要以襀翅目、直翅目、膜翅目、鞘翅目和鳞翅目的昆虫和幼虫，如蝗虫、蝼蛄、石蝇、金龟子、跳蝻、蛾类、蝶类幼虫及成虫为食，也吃蠕虫等其他小型无脊椎动物。多在林缘草地上或耕地中觅食，常把长长的嘴插入土中取食。

繁殖：繁殖期4—6月。成对营巢繁殖。有时亦见雄鸟间的争雌现象。雌鸟在一旁观望，最后和胜者结合成对。通常营巢于林缘或林中道路两边天然树洞中或啄木鸟的弃洞中。

分布区与保护：几乎遍布全国，一般在江北为夏候鸟，在江南为留鸟。夏季在山区，迁徙时在盆地各处比较常见。

（26）灰头绿啄木鸟

学名： *Picus canus*

英文名： Grey-headed Woodpecker

系统位置： 䴕形目 Piciformes 啄木鸟科 Picidae

基本信息： 中小型鸟类，体长26～33厘米。嘴黑色；雄鸟额基灰色，头顶朱红色；雌鸟头顶黑色，眼先和颚纹黑色，后顶和枕灰色。背灰绿色至橄榄绿色，飞羽黑色，具白色横斑，下体暗橄榄绿色至灰绿色。

生态习性： 主要栖息于低山阔叶林和混交林中，也出现于次生林和林缘地带，很少到原始针叶林中。常单独或成对活动。飞行呈波浪式前进。

食性： 主要以蚂蚁、小蠹虫、天牛幼虫、鳞翅目及其他鞘翅目和膜翅目等昆虫为食。偶尔也吃植物的果实和种子，如山葡萄、红松子、黄菠萝球果和草籽。

繁殖： 繁殖期4—6月。营巢于树洞中，多选择在混交林、阔叶林、次生林或林缘的水曲柳、山杨、稠李、柞树、榆树等木材腐朽的阔叶树上营巢。

分布区与保护： 分布较广，除内蒙古外，全国各省（区）均有分布。

（27）高山兀鹫

学名：*Gyps himalayensis*

英文名：Himalayan Griffon

系统位置：隼形目　Falconiformes
鹰科　Accipitridae

基本信息：大型猛禽，体长120～150厘米，体重10千克左右，是我国最大的一种猛禽。头和颈裸露，被有少数污黄色或白色的像头发一样的绒羽，颈基部有长而呈披针形的羽簇，羽色为淡皮黄色或黄褐色。上体和翅上覆羽淡黄褐色，飞羽黑色。下体淡白色或淡皮黄色，飞翔时淡色的下体和黑色的翅形成鲜明对照。幼鸟暗褐色，具淡色羽轴纹。

生态习性：栖息于高山和高原地区，常在高山森林上部苔原森林地带或高原草地、荒漠、岩石地带活动。或是在高空翱翔，或是成群栖息于地上或岩石上，有时也出现在雪线以上的空中。冬季有时也下到山脚地带活动。

食性：主要以腐肉和尸体为食，一般不攻击活动物。视觉和嗅觉都很敏锐，常在高空翱翔盘旋以寻找地面上的尸体，或闻到腐肉的气味而向尸体集中，有时为了争抢食物而互相攻击。在食物贫乏和极其饥饿的情况下，也吃蛙、蜥蜴、鸟类、小型兽类和大的甲虫、蝗虫。

繁殖：繁殖期2—5月。于海拔2000～6000米的高山和高原地带繁殖。通常营巢于人难以到达的悬崖岩壁凹处。

分布区与保护：分布于西藏、青海各地，数量稀少，已被列入《国家重点保护野生动物名录》，属国家二级保护野生动物。

（28）红隼

学名：*Falco tinnunculus*

英文名：Common Kestrel

系统位置：隼形目 Falconiformes　隼科 Falconidae

基本信息：小型猛禽，体长31~38厘米。翅狭长而尖，尾亦较长。雄鸟头蓝灰色，背和翅上覆羽砖红色，具三角形黑斑；腰、尾上覆羽和尾羽蓝灰色，尾具宽阔的黑色次端斑和白色端斑；眼下有一条垂直向下的黑色口角髭纹。额、喉乳白色或棕白色，其余下体乳黄色或棕黄色，具黑褐色纵纹和斑点，脚、趾黄色，爪黑色。雌鸟上体从头至尾棕红色，具黑褐色纵纹和横斑，下体乳黄色，除喉外均被黑褐色纵纹和斑点，具黑色眼下纵纹，脚、趾黄色，爪黑色。幼鸟和雌鸟相似，但斑纹更显著。

生态习性：栖息于山地森林、森林苔原、低山丘陵、草原、旷野、森林平原、农田和村屯附近各类生境中，尤喜林缘、林间空地、疏林和有稀疏树木生长的旷野、河谷和农田地区。飞翔时两翅快速扇动，偶尔进行短暂的滑翔。休息时多栖于空旷地区的高树梢上或电线杆上。

食性：主要以蝗虫、蚱蜢、吉丁虫、蚤斯、蟋蟀等昆虫为食，也吃鼠类、雀形目鸟类、蛙、蜥蜴、松鼠、蛇等小型脊椎动物。在白天觅食，主要在空中觅食也，也常贴近地面低空飞行搜寻食物，有时扇动两翅在空中做短暂停留以观察猎物，一经发现，则折合双翅，突然俯冲而下直扑猎物。有时也站在山丘岩石高处，或者在树顶或电线杆上静候，等猎物出现在面前时才突然出击。

繁殖：繁殖期5—7月。通常营巢于悬崖、山坡岩石缝隙、土洞、树洞和喜鹊、乌鸦以及其他鸟类在树上的旧巢中。巢较简陋，由枯树枝构成，内垫有草茎、落叶和羽毛。

分布区与保护：分布于青海、西藏各地，目前已被列入《国家重点保护野生动物名录》，属国家二级保护野生动物。

（29）灰背伯劳

学名：*Lanius tephronotus*

英文名：Grey-backed Shrike

系统位置：雀形目 Passeriformes　伯劳科 Laniidae

基本信息：中型鸟类，体长22～25厘米。头顶至下背暗灰色，腰和尾上覆羽棕色，尾黑褐色具浅棕色羽缘。两翅黑褐色，前额基部、眼先、眼周、颊和耳羽黑色，形成一条宽阔的黑色贯眼纹，淡色的头侧甚为醒目。下体白色，两胁和尾下覆羽棕色。

生态习性：主要栖息于低山次生阔叶林和混交林林缘地带，也出没于村庄、农田、路边的人工松树林、灌丛和稀树草坡。常单独或成对活动，喜欢站在树干顶枝上和电线上，当发现地上或空中有猎物时，立刻飞去抓捕，然后飞回原来的地方。垂直迁徙现象明显，夏季通常上到海拔2500～4000米的中山林缘地带，而冬季则多下到低山和山脚平原地带。

食性：主要以昆虫等动物性食物为食，常见食物有甲虫、蚂蚁、鳞翅目幼虫等昆虫，也吃小鸟和啮齿动物。

繁殖：繁殖期5—7月。营巢于小树或灌木侧枝上。每窝产卵4～6枚，多为5枚。

分布区与保护：主要分布在我国西南地区，种群数量较少。

（30）红嘴山鸦

学名：*Pyrrhocorax pyrrhocorax*

英文名：Red-billed Chough

系统位置：雀形目 Passeriformes　鸦科 Corvidae

基本信息：大型鸦类，体长36～48厘米。嘴、脚红色，通体黑色且具蓝色金属光泽。野外特征明显，容易识别。

生态习性：主要栖息于开阔的低山丘陵和山地，最高可达海拔4500米处。常在河谷岩石、高山草地、稀树草坡、草甸灌丛、高山裸岩、半荒漠、海边悬岩等开阔地带活动，冬季多下到山脚和平原地带，有时甚至到农田、村庄和城镇附近活动。地栖性，常成对或成小群在地上活动和觅食，也喜欢在山头上空和山谷间飞翔。飞行轻快，常在鼓翼飞翔之后伴随一阵滑翔。善鸣叫。有时也和喜鹊、寒鸦等鸟类混群活动。

食性：主要以金针虫、天牛、金龟子、蝗虫、蚱蜢、螽斯、椿象、蚊子、蚂蚁等昆虫为食，也吃果实、种子、草籽、嫩芽等植物性食物。

繁殖：繁殖期4—7月。在南部和海拔低的地区，3月下旬即有开始繁殖的情况。通常营巢于山地悬崖、沟谷、河谷等开阔地带，巢多置于人难以到达的悬崖峭壁上的岩石缝隙、岩洞和岩石的凹陷处，也在屋檐下、梁上和枯井壁凹陷处筑巢。

分布区与保护：分布于吉林、辽宁、内蒙古、新疆、河北、河南、山西、宁夏、甘肃、青海、陕西、四川、山东、西藏、云南等地。

（31）达乌里寒鸦

学名：*Corvus dauurica*

英文名：Daurian Jackdaw

系统位置：雀形目 Passeriformes　鸦科 Corvidae

基本信息：小型鸦类，外翈、大小和羽色与寒鸦相似，体长30～35厘米。全身羽毛主要为黑色，仅后颈有一较宽的白色领圈向两侧延伸至胸和腹部，在黑色体羽衬托下极为醒目，野外不难识别。

生态习性：主要栖息于山地、丘陵、平原、农田、旷野等各类生境中，尤以河边悬岩和河岸森林地带较为常见，夏季可上至海拔1000～3500米的阔叶林、针阔叶混交林等中高山森林林缘，以及草坡、亚高山灌丛与草甸高原等开阔地带，秋冬季多下到低山丘陵和山脚平原地带，有时也进入村庄和公园。常在林缘、农田、河谷、牧场处活动，晚上多栖于树上和悬岩岩石上，喜成群，有时也和其他鸦混群活动。叫声短促、尖锐、单调，其声似"garp—garp"，常边飞边叫。主要在地上觅食，有时跟在犁头后啄食，性较大胆。

食性：主要以蝼蛄、甲虫、金龟子等昆虫为食，也吃鸟卵、雏鸟、动物尸体、垃圾、植物果实、草籽和农作物幼苗与种子等其他食物，食性较杂。

繁殖：繁殖期4—6月。通常营巢于悬崖崖壁洞穴中，也在树洞和高大建筑物屋檐下筑巢。成群营巢，有时亦见单对在树洞中或树上营巢的。巢外层为枯枝，内层为树皮、棉花、纤维、羊毛、麻、人发、兽毛、羽毛等柔软材料。每窝产卵4～8枚，多为5～6枚。

分布区与保护：在我国分布较广，种群数量较多。但近十多年，农药和杀虫剂的大量使用引起环境污染，致使种群数量明显下降，原来较常见达乌里寒鸦的一些地方，近来逐渐少见。

（32）大嘴乌鸦

学名：*Corvus macrorhynchos*

英文名：Large-billed Crow

系统位置：雀形目 Passeriformes　鸦科 Corvidae

基本信息：大型鸦类，体长45～54厘米。通体黑色，具紫绿色金属光泽。嘴粗大，嘴峰弯曲，峰崎明显，嘴基有长羽，伸至鼻孔处。额较陡突。尾长，呈楔状。后颈羽毛柔软松散如发状，羽干不明显。

生态习性：主要栖息于低山、平原和山地阔叶林、针阔叶混交林、针叶林、次生杂木林、人工林等各种森林环境中。除繁殖期成对活动外，其他季节多成3～5只或10多只的小群活动。

食性：主要以蝗虫、金龟甲、金针虫、蝼蛄、蛴螬等昆虫、昆虫幼虫和蛹为食，也吃雏鸟、鸟卵、鼠类、动物尸体以及植物叶、芽、果实、种子等，属杂食性。

繁殖：繁殖期3—6月。营巢于高大乔木顶部枝杈处，距地5～20米。巢主要由枯枝构成，内垫有枯草、树皮、草根、毛发、苔藓、羽毛等柔软物质，呈碗状。3月开始营巢，4月中下旬开始产卵，每窝产卵3～5枚。

分布区与保护：分布于青海东部、西藏南部。

（33）黑冠山雀

学名：*Parus rubidiventris*

英文名：Black-Creasted Tit

系统位置：雀形目 Passeriformes　山雀科 Paridae

基本信息：小型鸟类，体长10～12厘米。整个头、颈和羽冠黑色，后颈和脸颊各有一块大的白斑，在黑色的头部极为醒目。背至尾上覆羽暗蓝至灰色。两翅和尾暗褐色，羽缘蓝灰色，喉至上胸黑色，下胸至腹橄榄灰色，尾上覆羽棕色。

生态习性：主要栖息于海拔2000～3500米的山地针叶林、竹林和杜鹃灌丛中，也出没于阔叶林和混交林及其林缘疏林灌丛中。繁殖期常单独或成对活动，其他时候多成3～5只或10余只的小群，有时亦见和其他山雀混群活动和觅食。

食性：主要以鞘翅目、鳞翅目、膜翅目等昆虫为食，也吃部分植物性食物。

繁殖：每年10月至翌年6月为适宜繁殖的季节。野生状态下一年可繁殖两窝，每窝一般产卵4～7枚，雌鸟孵卵期间全靠雄鸟喂食，孵化期18～20天。雏鸟出壳后最初一段时间，雌鸟整天守护着雏鸟；雄鸟叼食给雌鸟，雌鸟进入巢内喂雏鸟。雏鸟出壳后30天左右就可离巢生活。

分布区与保护：分布于喜马拉雅山脉东部和西藏南部。

（34）大山雀

学名：*Parus major*

英文名：Great Tit

系统位置：雀形目 Passeriformes　山雀科 Paridae

基本信息：小型鸟类，体长13～15厘米。整个头黑色，头两侧各具一大块白斑。上体蓝灰色，背沾绿色。下体白色，胸、腹有一条宽阔的中央纵纹与颏、喉黑色相连。叫声"吁吁黑、吁吁黑"或"吁伯、吁伯"。

生态习性：主要栖息于低山和山麓地带的次生阔叶林、阔叶林和针阔叶混交林中，也出没于人工林和针叶林中。在北方夏季有时可上到海拔1700米左右的中、高山地带，在南方夏季甚至能上到海拔3000米左右的森林中，冬季多下到山麓和邻近平原地带的次生阔叶林、人工林和林缘疏林灌丛，有时也进到果园、道旁和地边树丛、房屋前后和庭院中的树上活动。性较活泼且大胆，不甚畏人。除繁殖期成对活动外，秋冬季节多成3～5只或10余只的小群活动，有时亦见单独活动的。

食性：主要以鳞翅目、双翅目、鞘翅目、半翅目、直翅目、同翅目、膜翅目等昆虫和昆虫幼虫为食，也吃少量蜘蛛、蜗牛等小型无脊椎动物和草籽、花等植物性食物。

繁殖：繁殖期4—8月，在南方亦有在3月即开始繁殖的，但多数在4—5月开始营巢。1年繁殖1窝或2窝，第一窝最早在4月中旬开始营巢，大量在5月初开始；第二窝在6月中下旬开始营巢。通常营巢于天然树洞中，也有利用啄木鸟废弃的巢洞和人工巢箱的，有时亦在土崖和石隙中营巢。

分布区与保护：分布于青海、西藏各地，种群数量较丰富，是我国较为常见的森林益鸟之一。

（35）小云雀

学名：*Alauda gulgula*

英文名：Oriental Skylark

系统位置：雀形目 Passeriformes　百灵科 Alaudidae

基本信息：小型鸟类，体长14～17厘米。上体沙棕色或棕褐色，具黑褐色纵纹，头上有一短羽冠，受惊竖起时才明显可见。下体白色或棕白色，胸棕色，具黑褐色羽干纹。

生态习性：主要栖息于开阔平原、草地、低山平地、河边、沙滩、草丛、荒山坡、农田、荒地，以及沿海平原地区。除繁殖期成对活动外，其他时候多成群。善奔跑，主要在地上活动，有时也停歇在灌木上。常突然从地面垂直飞起，边飞边鸣，直上高空，连续拍击翅膀，并能悬停于空中片刻，再拍翅高飞，有时飞得太高，仅能听见鸣叫而难见其影。降落时常突然两翅相叠，疾速下坠，或缓慢向下滑翔。有时亦见与鹨混群活动。

食性：主要以植物性食物为食，也吃昆虫等动物性食物，属杂食性。植物性食物主要有禾本科、莎草科、蓼科、茜草科和胡枝子等，也有少量麦粒、豆类等农作物。动物性食物主要有象甲虫、蚂蚁、鳞翅目、其他鞘翅目等昆虫和昆虫幼虫。

繁殖：繁殖期4—7月。通常营巢于地面凹陷处，巢多置于草丛中或树根与草丛旁，隐蔽性较好，但有时也置巢于裸露的地面上，巢旁无任何植物遮蔽。巢呈杯状，主要由枯草茎、叶构成，内垫有细草茎和须根。每窝产卵3～5枚。

分布区与保护：广泛分布于我国南部，种群数量较多，是低山平原草地常见鸟类之一。由于主要以昆虫和草籽为食，鸣声又悦耳动听，因此不仅在保护植物、维持自然生态平衡方面具有重要意义，而且是一种很好的观赏鸟，深受人们的喜爱。

（36）家燕

学名：*Hirundo rustica*

英文名：Barn Swallow

系统位置：雀形目 Passeriformes　燕科 Hirundinidae

基本信息：小型鸟类，体长15～19厘米。上体蓝黑色而富有光泽。额、喉和上胸为栗色，下胸和腹为白色。尾长，呈深叉状。

生态习性：我国常见的一种夏候鸟，喜欢栖息在人类居住的地方。常成对或成群栖息于村庄中的房顶、电线以及附近的河滩和田野。善飞行，一天中大多数时间成群在村庄及其附近的田野上空不停地飞翔。飞行迅速敏捷，有时飞得很高，像鹰一样在空中翱翔，有时又紧贴水面一闪而过，时东时西，忽上忽下，没有固定飞行方向，有时还不停地发出尖锐而急促的叫声。活动范围不大，通常在栖息地2000平方米范围内活动。每日活动时间较长，其中尤以7:00—8:00和17:00—18:00最为活跃，中午常短暂休息。有时亦与金腰燕一起活动。

食性：主要以昆虫为食，常见食物种类有蚊、蝇、蛾、蚁、蜂、叶蝉、象甲、金龟甲、叩头甲、蜻蜓等双翅目、半翅目、鳞翅目、膜翅目、鞘翅目、同翅目、蜻蜓目等昆虫。第一窝雏鸟的食物主要是蝇，其次是虻；第二窝雏鸟的食物主要是虻，其次是蚁类。

繁殖：繁殖期4—7月。多数1年繁殖2窝，第一窝通常在4—6月，第二窝多在6—7月，通常在到达繁殖地后不久即开始繁殖活动，此时雌雄鸟甚为活跃，常成对在居民点活动，时而在空中飞翔，时而栖于房顶或房檐下横梁上，并以清脆婉转的声音反复鸣叫。经过这种求偶表演后，雌雄家燕即开始营巢。巢多置于人类房舍内外墙壁上、屋檐下或横梁上，甚至在悬吊着的电灯上筑巢。有用旧巢的习性，特别是第二窝多用旧巢。

分布区与保护：是我国人民最熟知和最常见的一种夏候鸟，分布广，数量大。但近来受到人类活动的影响，家燕的种群数量持续降低，过去家燕分布较多的地区，近来逐渐很少见到。有的地区已将家燕列入地方保护动物名单。

（37）金腰燕

学名：*Hirundo daurica*

英文名：Red-rumped Rwallow

系统位置：雀形目 Passeriformes　燕科 Hirundinidae

基本信息：外形和大小与家燕相似，体长16～20厘米。上体蓝黑色而具金属光泽，腰有棕栗色横带。下体棕白色且有黑色纵纹。尾长，呈深叉状。

生态习性：我国常见的一种夏候鸟，主要栖于低山丘陵和平原地区的村庄、城镇等居民住宅区。常成群活动，少则几只、十余只，多则数十只，迁徙期间有时集成数百只的大群。性极活泼，喜欢飞翔，一天中大部分时间在村庄和附近田野及水面上空飞翔。飞行姿态轻盈而悠闲，有时也能像鹰一样在天空中翱翔和滑翔，有时又像闪电一样掠水而过，极为迅速、灵巧。休息时多停歇在屋顶、房檐和房前屋后湿地和电线上，并常发出"唧唧"的叫声。

食性：主要以昆虫为食，且主要吃飞行性昆虫。据在长白山的观察，所食主要有蚊、虻、蝇、蚁、蜂、椿象、甲虫等双翅目、膜翅目、半翅目、鞘翅目和鳞翅目昆虫。

繁殖：在我国的繁殖期为4—9月，因地区不同而不同。通常营巢于人类房屋等建筑物上，巢多置于屋檐下、天花板上或房梁上。筑巢时金腰燕常将泥丸拌以麻、植物纤维和草茎在房梁和天花板上堆砌成半个曲颈瓶状或葫芦状的巢。瓶颈即巢的出入口，扩大的末端即巢室，内垫以干草、破布、棉花、毛发、羽毛等柔软物。雌雄亲鸟共同营巢，喜欢重复利用旧巢，即使巢已很破旧，也常常加以修理后继续使用。

分布区与保护：在我国分布广、数量多。但近来受到人类活动的影响，金腰燕的种群数量明显减少，不少地区已难见其踪迹。为了保护这一有益鸟类，有的地区已将它列入地方保护动物名单。

（38）河乌

学名：*Cinclus cinclus*

英文名：White-throated Dipper

系统位置：雀形目 Passeriformes　河乌科 Cinclidae

基本信息：小型水边鸟类，体长17～20厘米。全身除额、喉、胸为白色外，其余体羽均为灰褐色或棕褐色。在野外极易辨认。

生态习性：栖息于海拔800～4500米的山区溪流与河谷地带，尤以流速较快、水质清澈的沙石河谷地带较常见。也常停歇在河边或露出水面的石头上，尾上翘或不停地上下摆动，有时亦见其沿河谷上下飞行。飞行时两翅扇动较快，飞行急速，且紧贴水面。亦能游泳和潜入水底，并在水底石上行走，甚至能逆水而行，游泳和潜水时主要靠两翼驱动，在水中觅食。常单独或成对活动。性机警，行动敏捷，起飞和降落时发出尖锐的叫声。

食性：主要以蚊、蚋等水生昆虫及其幼虫，小型甲壳类，软体动物，鱼等水生动物为食，偶尔也吃水藻等水生藻类植物。

繁殖：繁殖期5—7月。常成对营巢，多营巢于山溪、急流边的石隙中，也在河边洞穴中、凸出的岩石下、树根下或岩石缝隙中营巢。巢呈球形或椭圆形，侧面开口。巢主要由苔藓、细根、枯草、柳树叶等材料构成，内垫有动物毛发和软的苔藓等。每窝产卵3～7枚，多为4～6枚。主要由雌鸟营巢。

分布区与保护：在我国种群数量较丰富，分布较广。

（39）褐河乌

学名：*Cinclus pallasii*

英文名：Brown Dipper

系统位置：雀形目 Passeriformes　河乌科 Cinclidae

基本信息：小型溪边鸟类，体长19～24厘米。通体乌黑色或深咖啡色，嘴、脚亦为黑色。主要栖息于山地森林河谷和溪流地带，常站在溪边或河中石头上或紧贴水面沿溪飞行，边飞边叫，野外容易识别。

生态习性：栖息于山区溪流与河谷沿岸，尤在水流清澈的林区河谷地带较常见，冬季栖息在不完全冻结的河谷，单独或成对活动。多站立在河边或河中露出水面的石头上，腿部稍曲，尾巴上翘，头和尾不时上下摆动。觅食时多潜入水中，善于在水中潜游，亦能在水底行走，在河底砾石间寻找食物，冬季亦潜入水中觅食。夜晚栖息于河边岩石缝隙中。飞行速度快，两翅鼓动甚快，每次飞行距离短，一般紧贴水面低空飞行。

食性：主要以石蛾科幼虫，襀翅目、毛翅目、鳞翅目、蜻蜓目成虫和幼虫以及蝗虫、甲虫等昆虫和昆虫幼虫为食，也吃虾、小型软体动物和小鱼等。

繁殖：繁殖期4—6月。营巢于河边石头缝或树根下，也在水坝石头缝隙和瀑布后的石隙中营巢，有时也在桥下、河边陡岩洞隙中或凸出于水面的岩石上营巢。巢甚为隐蔽，主要由苔藓构成，杂有少许羽毛和树皮纤维，内垫细的枯草茎和草叶，有的还垫有兽毛和羽毛。雌雄共同营巢。

分布区与保护：在我国分布较广，种群数量较多。但近10多年，林区群众不当捕鱼，造成环境污染和褐河乌食物缺乏，致使种群数量急剧减少，不少地方已难见其踪迹，应加强保护和管理。

（40）灰头鸫

学名： *Turdus rubrocanus*

英文名： Chestnut Thrush

系统位置： 雀形目 Passeriformes 鸫科 Turdidae

基本信息： 中型鸟类，体长23～27厘米。整个头、颈和上胸灰褐色，两翅和尾黑色，上、下体羽栗棕色。颏灰白色，尾下覆羽黑色，具白色羽轴纹和端斑。嘴、脚黄色。特征明显，在野外不难识别。

生态习性： 繁殖期主要栖息于海拔2000～3500米的山地阔叶林、针阔叶混交林、杂木林、竹林和针叶林中，尤以茂盛的针叶林和针阔叶混交林较常见，冬季多下到低山林缘灌丛和山脚平原等开阔地带的树丛中活动，有时甚至进到村寨附近和田地中。常单独活动，冬季也成群活动。多栖于乔木上，性胆怯而机警，遇人或其他干扰立刻发出警叫声。常在林下灌木或乔木树上活动和觅食，但更多是下到地面觅食。

食性： 主要以昆虫和昆虫幼虫为食，也吃植物果实和种子。

繁殖： 繁殖期4—7月，4月初雄鸟即开始占区和鸣叫。通常营巢于林下小树杈上，距地2～4米，有时也在陡峭的悬崖或岸边洞穴中营巢。

分布区与保护： 种群数量较丰富，分布较广。

（41）棕背黑头鸫

学名：*Turdus kessleri*

英文名：Kessler's Thrush

系统位置：雀形目 Passeriformes　鸫科 Turdidae

基本信息：中型鸟类，体长24～29厘米。雄鸟整个头、颈、颏、喉、两翅和尾概为黑色，其余上、下体羽栗色，翁和上胸棕白色，在上、下体羽黑色和栗色之间形成一棕白色带，甚为醒目。雌鸟头顶橄榄褐色，两翅和尾暗褐色，其余体羽棕黄色。特征均甚明显，容易识别。目前我国还未见与之相似的种类。

生态习性：棕背黑头鸫是一种高山、高原鸟类，栖息于海拔3000～4500米的高山针叶林和林线以上的高山灌丛地带，即使冬季一般也不下到海拔1500米以下的山脚和平原地带。常单独或成对活动，有时也成群活动，多在林下、林缘灌丛、农田地边、溪边草地以及路边树上或灌丛中活动。性沉静而机警，一般较少鸣叫，遇到危险时则发出大而刺耳的惊叫声。常贴地面低空飞行，通常在鼓翼飞翔一阵后接着滑翔。

食性：主要以鞘翅目、鳞翅目等昆虫和昆虫幼虫为食。

繁殖：繁殖期5—7月。通常营巢于溪边岩隙中，巢主要由枯草茎、草叶、草根等构成，内垫动物毛发。每窝产卵4～5枚。

分布区与保护：分布于青海、西藏东部，是我国特有鸟类，种群数量不丰富。

（42）橙翅噪鹛

学名：*Garrulax elliotii*

英文名：Elliot's Laughing Thrush

系统位置：雀形目 Passeriformes　鹟科 Muscicapidae

基本信息：中型鸟类，体长22～25厘米。头顶深葡萄灰色或沙褐色，上体灰橄榄褐色，外侧飞羽外翈蓝灰色，基部橙黄色，中央尾羽灰褐色，外侧尾羽外翈绿色而缘以橙黄色，并具白色端斑。喉、胸棕褐色，下腹和尾下覆羽砖红色。

生态习性：主要栖息于海拔1500～3400米的山地和高原森林与灌丛中，在西藏地区甚至上到海拔4200米左右的山地灌丛间活动，也栖息于林缘灌丛、竹灌丛、农田和溪边等开阔地区。除繁殖期成对活动外，其他季节多成群。常在灌丛下部枝叶间跳跃、穿梭或飞进飞出，有时亦见在林下地上落叶层间活动和觅食，并不断发出"古儿、古儿"的叫声，尤以清晨和傍晚鸣叫较频繁，叫声响亮动听。受惊后或快速落入灌丛深处，或从一灌丛飞向另一灌丛，一般不远飞。

食性：主要以昆虫和植物果实与种子为食，属杂食性动物。所吃昆虫以金龟甲等鞘翅目居多，其次是毛虫等鳞翅目幼虫，还有叶蜂、蚂蚁、蝗虫、椿象等膜翅目、直翅目、双翅目、半翅目等昆虫和螺类等其他无脊椎动物。植物性食物以蔷薇果实居多，其次为马桑、荚蒾、胡颓子、杂草种子等，也有少量玉米芽和麻子等农作物。

繁殖：繁殖期4—7月。通常营巢于林下灌丛中，巢多筑于灌木或幼树低枝上，距地0.5～0.7米。巢呈碗状，外层主要由细枝、树皮、草茎、枯叶等构成，内垫有细草茎和草根，有时还垫有细的藤条。

分布区与保护：橙翅噪鹛是我国特有种，种群数量较丰富，分布广泛。

（43）赤颈鸫

学名：*Turdus ruficollis*

英文名：Red-throated Thrush

系统位置：雀形目 Passeriformes　鹟科 Muscicapidae

基本信息：中型鸟类，体长22～25厘米。上体灰褐色，有窄的栗色眉纹。颏、喉、上胸红褐色，腹至尾下覆羽白色，腋羽和翼下覆羽为橙棕色。

生态习性：繁殖期主要栖息于各种类型的森林中，针叶林中较常见，迁徙季节和冬季出现于低山丘陵和平原地带的阔叶林、次生林和林缘疏林与灌丛中，有时也在乡村附近果园、农田、树上或灌木上活动和觅食。除繁殖期成对或单独活动外，其他季节多成群活动，有时也和斑鸫混群。常在林下灌木或地上跳跃觅食，遇惊扰立刻飞到树上，并伴随"嘎嘎"的叫声。飞行迅速，但一般不远飞。

食性：主要以吉丁虫、甲虫、蚂蚁、鳞翅目和其他鞘翅目等昆虫及昆虫幼虫为食，也吃虾、田螺等其他无脊椎动物，以及沙枣等灌木果实和草籽。

繁殖：繁殖期5—7月。通常营巢于小树枝杈上，距地面0.3～2米，有时也直接于地上产卵。巢呈碗状，主要由草茎、草叶和泥土构成，巢内垫有细软的草茎和草根，有时也垫有毛发。

分布区与保护：迁徙期间在我国分布较广，局部地区种群数量较多。

（44）白喉红尾鸲

学名： *Phoenicuropsis schisticeps*

英文名： White-throated Redstart

系统位置： 雀形目 Passeriformes　鹟科 Muscicapidae

基本信息： 小型鸟类，体长14～16厘米。雄鸟额至枕钴为蓝色，头侧、背、两翅和尾为黑色，翅上有一较大的白斑，腰和尾上覆羽栗棕色。额、喉黑色，下喉中央有一白斑，在四周黑色的衬托下极为醒目，其余下体栗棕色，腹部中央灰白色。雌鸟上体橄榄褐色沾棕色，腰和尾上覆羽栗棕色，翅暗褐色，具白斑，尾棕褐色。下体褐灰色沾棕色，喉亦具白斑。特征均甚明显，在野外不难识别。特别是通过喉部特有的白斑，很容易与其他红尾鸲相区分。

生态习性： 白喉红尾鸲是一种高山森林和高原灌丛鸟类。繁殖期栖息于海拔2000～4000米的高山针叶林以及林线以上的疏林灌丛和沟谷灌丛中，冬季常下到中低山和山脚地带活动。常单独或成对在林缘与溪流沿岸灌丛中活动。性活泼，频繁地在灌丛间跳跃或飞上飞下。

食性： 主要以鞘翅目、鳞翅目等昆虫和昆虫幼虫为食，也吃植物的果实和种子。

繁殖： 繁殖期5—7月。营巢于树洞、岩壁洞穴及河岸坡洞中。巢呈杯状，主要由枯草和苔藓构成。每窝产卵3～4枚。

分布区与保护： 白喉红尾鸲是我国特产鸟类，主要分布于我国西南地区，少数在冬季出现于喜马拉雅山麓的尼泊尔、印度锡金、印度阿萨姆、孟加拉国及缅甸北部一带。种群数量较多。

（45）黑喉石䳭

学名：*Saxicola maurus*

英文名：Siberian Stonechat

系统位置：雀形目 Passeriformes　鹟科 Muscicapidae

基本信息：小型鸟类，体长12～15厘米。雄鸟上体黑褐色，腰白色，颈侧和肩有白斑，额、喉黑色，胸锈红色，腹浅棕色或白色。雌鸟上体灰褐色，喉近白色，其余和雄鸟相似。

生态习性：主要栖息于低山、丘陵、平原、草地、沼泽、田间灌丛、旷野，以及湖泊与河流沿岸附近灌丛草地。从海拔几百米到4000米以上的高原河谷和山坡灌丛草地均有分布，是一种分布广、适应性强的鸟类。不进入茂密的森林，但频繁见于林缘灌丛和疏林草地，以及林间沼泽、塔头草甸和低洼潮湿的道旁灌丛与地边草地上。常单独或成对活动。平时喜欢站在灌木枝头和小树顶枝上，有时也站在田间或路边电线上和农作物梢端，并不断地扭动尾羽。有时亦静立在枝头，观察着四周的动静，若遇飞虫或见到地面有昆虫活动，则立即疾速飞往捕之，然后返回原处。有时亦能鼓动着翅膀停留在空中，或直上直下垂直飞翔。繁殖期常常站在孤立的小树等高处鸣叫，鸣叫声尖细、响亮。

食性：主要以昆虫为食，如蝗虫、蚱蜢、甲虫、金针虫、吉丁虫、螟蛾、叶丝虫、弄蝶科幼虫、舟蛾科幼虫、蜂、蚂蚁等昆虫和昆虫幼虫，也吃蚯蚓、蜘蛛等无脊椎动物以及少量植物的果实和种子。

繁殖：繁殖期4—7月。繁殖期雄鸟常站在巢区中比较高的小树枝头鸣唱，雌鸟则致力于筑巢。通常营巢于土坎或塔头墩下。巢呈碗状或杯状，主要由枯草、细根、苔藓、灌木叶等构成，外层较粗糙，内层编织较为精致，内垫有野猪毛、狍子毛、马毛等兽毛和鸟类羽毛。

分布区与保护：在我国种群数量较多，广泛分布于全国各地。

（46）领岩鹨

学名：*Prunella collaris*

英文名：Alpine Accentor

系统位置：雀形目 Passeriformes　岩鹨科 Prunellidae

基本信息：小型鸟类，体长16～20厘米。头、颈、上背、胸灰褐色，其余体羽黄褐色，各羽均具黑褐色中央纹，腰和尾上覆羽棕栗色，翅黑褐色具白色翅斑，尾黑色且具白色端斑。特征甚明显，野外不难识别。

生态习性：属高寒山区鸟类。繁殖期主要栖息于海拔1500～5000米的中、高山山顶苔原、草地、裸岩等荒漠寒冷地区，冬季也下到低山和山脚平原地带活动。繁殖期间多单独或成对活动，其他季节则喜成群活动。性极活泼，或在高空边飞边鸣，或在苔原石隙和裸露的岩石间跳跃，进进出出，见人即钻入石隙中或飞走。飞行时呈直线前进，速度甚快，可以听见从头顶飞过的声响，也能急速转弯，改变飞行方向，有时会较长时间站在苔原砾石上鸣叫，声音婉转动听。

食性：主要以蝗虫、毛虫、蚊、虻、叶蝉、甲虫、尺蠖等直翅目、双翅目、半翅目、鞘翅目和鳞翅目昆虫及昆虫幼虫为食，也吃蜘蛛等其他小型无脊椎动物和越橘、草籽、植物嫩叶等植物性食物。

繁殖：繁殖期6—7月。5月中下旬至6月初开始营巢。通常在高山苔原岩石缝隙和乱石堆间的石穴中营巢，也有在林缘杜鹃等小灌丛下营巢的情况。巢主要由苔藓、枯草茎、枯草叶和细草根构成，苔藓主要垫于巢底和巢壁，巢内主要垫一些细软枯草茎和枯草叶。

分布区与保护：在我国分布面较广，亚种分化较多，种群数量相对较多。

（47）鸲岩鹨

学名：*Prunella rubeculoides*

英文名：Robin Accentor

系统位置：雀形目 Passeriformes　岩鹨科 Prunellidae

基本信息：小型鸟类，体长15～17厘米。头灰棕色，背、肩、腰棕褐色，具黑色纵纹，两翅褐色，翅上有白斑。额、喉沙褐色或灰色，胸锈棕色，在喉、胸之间有一道不明显的黑色颈圈，其余下体白色。特征明显，在野外不难识别。

生态习性：主要栖息于海拔3000～5000米的高山灌丛、草甸、草坡、河滩和高原耕地、牧场、土坎等高寒山地生境中。除繁殖期成对或单独活动外，其他季节多成群活动。常在有柳树灌丛生长的河谷和岩石、草地活动，善于在地上奔跑觅食。

食性：主要以鞘翅目、鳞翅目、蝗虫等昆虫为食，也吃草籽、植物果实和种子等，如青稞、油菜籽等。

繁殖：繁殖期5—7月。营巢于地上灌木丛中。巢呈碗状，主要由枯草、地衣、羊毛、羽毛等构成，内垫有羊毛和羽毛。

分布区与保护：在我国种群数量较丰富，分布较广。

（48）褐岩鹨

学名：*Prunella fulvescens*

英文名：Brown Accentor

系统位置：雀形目 Passeriformes　岩鹨科 Prunellidae

基本信息：小型鸟类，体长13～16厘米。头褐色或暗褐色，有两条长而宽的眉纹从嘴基到后枕，眉纹白色或皮黄白色，在暗色的头部上极为醒目。背、肩灰褐色或棕褐色，具暗褐色纵纹。额、喉白色，其余下体淡棕黄色或皮黄白色。相似种棕眉山岩鹨的眉纹为棕黄色，体侧有纵纹。区别明显，在野外不难识别。

生态习性：主要栖息于海拔2500～4500米的高原草地、荒野、农田、牧场，有时甚至进入居民点附近，有时也出现于荒漠、半荒漠和高山裸岩草地，尤其喜欢在有零星灌木生长的多岩石高原草地活动，是常见的高原鸟类。繁殖期常单独或成对活动，非繁殖期则多成群活动。地栖性，在地上、岩石上或灌丛中活动和觅食，冬季多游荡到海拔较低的山谷、沟谷、河谷和湖岸地区。

食性：主要以甲虫、蛾、蚂蚁等昆虫为食，也吃蜗牛等小型无脊椎动物和植物果实、种子等植物性食物。

繁殖：繁殖期5—7月。4月中下旬雄鸟即开始占区，站在岩石或大的石头上鸣叫。营巢于岩石下、土堆旁和灌木丛中。巢呈杯状，主要由枯草和苔藓构成。每窝产卵4～5枚。

分布区与保护：分布于青海和西藏西部、南部、东南部。

（49）山麻雀

学名：*Passer rutilans*

英文名：Russet Sparrow

系统位置：雀形目 Passeriformes　文鸟科 Ploceidae

基本信息：小型鸟类，体长13～15厘米。雄鸟上体栗红色，背中央具黑色纵纹，头侧白色或淡灰白色，额、喉黑色，其余下体灰白色或灰白色沾黄色。雌鸟上体褐色，具较宽的皮黄白色眉纹，额、喉无黑色。

生态习性：栖息于海拔1500米以下的低山丘陵和山脚平原地带的各类森林和灌丛中，在西南和青藏高原地区，也见于海拔2000～3500米的各森林带间。多活动于林缘疏林、灌丛和草丛中，不喜欢进入茂密的大森林，有时也到村庄附近的农田、河谷、果园、岩石草坡、房前屋后和路边树上活动和觅食。性喜结群，除繁殖期单独或成对活动外，其他时间多成小群活动，在树枝和灌丛间跳来跳去或飞上飞下，飞行能力较其他麻雀强，活动范围亦较其他麻雀大。冬季常随气候变化移至山麓草坡、耕地和村庄附近活动。

食性：山麻雀属杂食性鸟类，主要以植物性食物和昆虫为食。所吃动物性食物主要为昆虫，植物性食物主要有大麦、稻谷、小麦、玉米以及其他禾本科和莎草科等野生植物的果实和种子。

繁殖：繁殖期4—8月。营巢于山坡岩壁天然洞穴中，也在堤坝、桥梁洞穴或房檐下和墙壁洞穴中筑巢，也有报告称其会在树枝上营巢和利用啄木鸟与燕的旧巢。巢主要由枯草叶、草茎和细枝构成，内垫棕丝、羊毛、鸟类羽毛等。雌雄亲鸟共同参与营巢活动。

分布区与保护：在我国分布较广，种群数量较多。

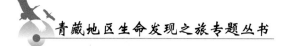

（50）树麻雀

学名：*Passer montanus*

英文名：Tree Sparrow

系统位置：雀形目 Passeriformes　文鸟科 Ploceidae

基本信息：小型鸟类，体长13～15厘米。额、头顶至后颈栗褐色，头侧白色，耳部有一黑斑，在头侧极为醒目。背沙褐色或棕褐色，具黑色纵纹。颏、喉黑色，其余下体污灰白色微沾褐色。相似种家麻雀以及其他麻雀颊部均无黑斑，野外不难识别。

生态习性：树麻雀是我国分布广、数量多和最为常见的一种小鸟，主要栖息在人类居住之处，无论山地、平原、丘陵、草原、沼泽和农田，还是城镇和乡村，在人类集居的地方多有分布。栖息地海拔300～2500米，在西藏地区甚至可达4500米。性喜成群，除繁殖期外，常成群活动，特别是秋冬季节，有时集群多达数百只，甚至上千只。一般在房舍及其周围地区，尤其喜欢在房檐、屋顶以及房前屋后的小树上和灌丛中活动，有时也到邻近的农田中活动和觅食。每个栖息地都有较为固定的觅食场所（如场院、猪圈、牲口棚和邻近的农田地区），活动范围多在栖息地半径1000～2000米内。在房檐洞穴或瓦片下的缝隙中过夜，也在房舍或村旁附近的岩穴、土洞和树上过夜和休息。性活泼，频繁地在地上奔跑，并发出叽叽喳喳的叫声。若遇惊扰，立刻成群飞至房顶或树上，一般飞行不远，也不高飞。飞行时两翅扇动有力，速度甚快，大群飞行时常常发出较大的声响。性大胆，不甚怕人，也很机警，在地上发现食物时，常常先观察四周情况，确认无危险才跑去啄食，或先去几只试探，然后才有更多的鸟陆续飞去，稍有声响，立刻成群惊飞。

食性：食性较杂，主要以谷粒、草籽、种子、果实等植物性食物为食，繁殖期也吃大量昆虫，特别是雏鸟，几全以昆虫和昆虫幼虫为食。据20世纪50年代末至60年代初全国各地学者对麻雀食性的大量研究，树麻雀主要以各种农作物种子为食。

繁殖：繁殖期3—8月，繁殖的早晚随地区而变化。1年繁殖2～3次，也有多至4次和少至1次（寒冷的青藏高原地区）的情况。营巢于村庄、城镇等人类居住地区的房舍、庙宇、桥梁以及其他建筑物上，以屋檐和墙壁洞穴最为常见，也在树洞石穴、土坑中和树枝间营巢或利用废弃的喜鹊巢和人工巢箱。巢呈碗状或杯状，洞外巢则为球形或椭圆形，有盖，侧面开口。营巢材料主要是枯草、茎、须根、鸡毛、麻、破布等，内垫有绒毛、兽毛等。

分布区与保护：在我国分布广，数量多，是我国城乡房舍和庭院中常见鸟类之一，伴随人类栖居，和人类关系极为密切。

（51）褐翅雪雀

学名：*Montifringilla adamsi*

英文名：Tibetan Snow Finch

系统位置：雀形目 Passeriformes　文鸟科 Ploceidae

基本信息：小型鸟类，体长14～18厘米。上体灰褐色，具暗色羽干斑，翅上小覆羽和中覆羽褐色，羽端白色，大覆羽和初级覆羽白色，羽端褐色。初级飞羽次端和次级飞羽内翈为白色，在翅上形成明显的白色翅斑。中央尾羽黑色，外侧尾羽白色。下体白色沾黄褐色，颏、喉部有黑斑。特征明显，容易识别。相似种白斑翅雪雀翅上小覆羽和中覆羽为白色而不为褐色，翅上白斑大，有白色颧纹；颏、喉黑色，其余下体白色。

生态习性：主要栖息于高山和高原裸露的岩石地区，是一种高山耐寒鸟类，栖息地海拔3000～4500米，夏季有时甚至上到海拔5000米左右的高山，多活动在多岩石的高山草地、草原和有稀疏植物的荒漠与半荒漠地区，冬季多在沟谷和低凹的山沟地带活动，有时也在居民点附近活动。常成对或成小群活动，秋、冬季节集群较大，有时多达数百只。多在地上活动，奔跑迅速，行动敏捷。有时也飞翔，但不远飞和高飞。多贴地面低空飞行，飞行距离较短。叫声单调。

食性：以草籽、果实、种子、叶、芽等植物性食物为食，也吃昆虫等动物性食物，在繁殖期主要以昆虫为食。

繁殖：繁殖期6—8月。营巢于岩石洞穴和动物废弃的洞中。营巢由雌雄亲鸟共同进行，每窝产卵3～4枚。

分布区与保护：主要分布于我国西南地区，种群数量较多。

（52）白鹡鸰

学名：*Motacilla alba*

英文名：White Wagtail

系统位置：雀形目 Passeriformes　鹡鸰科 Motacillidae

基本信息：体长16～20厘米。前额和脸颊为白色，头顶和后颈为黑色。背、肩黑色或灰色。尾长而窄、黑色，两对外侧尾羽白色。喉黑或白色，胸黑色，其余下体白色。两翅黑色且有白色翅斑。

生态习性：主要栖息于河流、湖泊、水库、水塘等水域岸边，也栖息于农田、湿草原、沼泽等湿地，有时还栖息于水域附近的居民点和公园。常成对或成3～5只的小群活动。迁徙期间也见10多只至20余只的大群。多栖息于地上或岩石上，有时也栖息于小灌木或树上，多在水边或水域附近的草地、农田、荒坡或路边活动，或是在地上慢步行走，或是跑动捕食。遇人则斜着起飞，边飞边鸣。鸣声似"jilin—jilin"，声音清脆响亮，飞行呈波浪式，有时也长时间地站在一个地方，尾不住地上下摆动。

食性：主要以昆虫为食，也吃蜘蛛等无脊椎动物，偶尔也吃植物种子、浆果等植物性食物。

繁殖：繁殖期4—7月。通常营巢于水域附近岩洞、岩壁缝隙、河边土坎、田边石隙以及河岸、灌丛与草丛中，也在房屋屋脊、房顶和墙壁缝隙中营巢，甚至有在枯木树洞和人工巢箱中营巢的情况。

分布区与保护：在我国分布广、数量多，是我国常见夏候鸟之一，在植物保护中意义重大，应注意保护。

（53）树鹨

学名：*Anthus hodgsoni*

英文名：Olive-backed Pipit

系统位置：雀形目 Passeriformes　鹡鸰科 Motacillidae

基本信息：外形和林鹨相似，体长15～16厘米。上体橄榄绿色，具褐色纵纹，尤以头部较为明显。眉纹乳白色或棕黄色，耳后有一白斑。下体灰白色，胸具黑褐色纵纹。野外停栖时，尾常上下摆动。

生态习性：繁殖期主要栖息在海拔1000米以上的阔叶林、混交林和针叶林等山地森林中，在南方可到海拔4000米左右的高山森林地带。据在长白山的观察，夏季主要在高山矮曲林和疏林灌丛栖息。迁徙期和冬季则多栖于低山丘陵和山脚平原草地。常在林缘、路边、河谷、林间空地、高山苔原等各类生境活动，有时也出现在居民点和田野。常成对或成3～5只的小群活动，迁徙期间亦集成较大的群。多在地上奔跑觅食。性机警，受惊后立刻飞到附近树上，边飞边发出"chi—chi—chi"的叫声，声音尖细。站立时尾常上下摆动。

食性：主要以鳞翅目幼虫、蝗虫、虻、金花虫、甲虫、蚂蚁、椿象等昆虫为食，也吃蜘蛛、蜗牛等小型无脊椎动物，此外还吃苔藓、谷粒、杂草种子等植物性食物。冬季食物主要有步行虫、象甲、金花虫、蝇、蚊、蚂蚁、毛虫、隐翅虫等昆虫和大量杂草种子。食性较杂。

繁殖：繁殖期6—7月。通常营巢于林缘、林间路边和林中空地等开阔地区地上草丛或灌木旁凹坑内，也在林中溪流岸边石隙下浅坑内营巢。巢呈浅杯状，结构较为松散，主要由枯草茎、草叶、松针和苔藓构成。营巢由雌雄亲鸟共同进行。1年繁殖1窝，每窝产卵4～6枚，多为5枚。

分布区与保护：局部地区分布较普遍，主要分布于黑龙江、吉林、辽宁、内蒙古、河北、甘肃、青海、四川、西藏、云南等地；多在长江以南地区越冬。

（54）粉红胸鹨

学名：*Anthus roseatus*

英文名：Rosy Pipit

系统位置：雀形目 Passeriformes 鹡鸰科 Motacillidae

基本信息：外形和大小与其他鹨相似，体长14～17厘米。上体橄榄灰色或灰褐色，头顶至背具黑褐色纵纹，腰和尾上覆羽纯色。尾暗褐色，最外侧尾羽具楔状白斑。喉、胸淡灰葡萄红色，其余下体皮黄白色或乳白色，两胁具黑褐色纵纹。

生态习性：夏季主要栖息于山地灌丛、高原草地、沼泽、河谷、草原等开阔环境，海拔多在2000米以上，最高可达4500米左右，冬季多下到山脚平原、草地、林缘、河坝、耕地、水稻田以及附近疏林中。性活泼，不畏人。常单独或成对活动，迁徙期和冬季集成小群，有时也与鹨类混群活动。常在草地或稀疏的灌丛中奔跑觅食，受惊扰时则飞至附近树上。

食性：繁殖期主要以鞘翅目、膜翅目、鳞翅目等昆虫为食，非繁殖期则主要以各种杂草种子等植物性食物为食。所吃植物种类主要有禾本科、莎草科、茜草科种子，蓼子，胡颓子，野葡萄，谷粒等。

繁殖：繁殖期通常为6—7月。根据营巢地区的海拔不同，营巢开始的早晚略有差异。通常营巢于地上草丛或岩穴中，也筑巢于灌木旁地上凹坑内。巢由枯草茎和草叶构成。每次产卵3～5枚，多为4枚。

分布区与保护：在我国分布较广，种群数量较多。

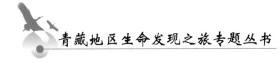

（55）普通朱雀

学名：*Carpodacus erythrinus*

英文名：Common Rosefinch

系统位置：雀形目 Passeriformes　燕雀科 Fringillidae

基本信息：小型鸟类，体长13～16厘米。雄鸟头顶、腰、喉、胸黑色或洋红色，背、肩褐色或橄榄褐色，羽缘沾红色，两翅和尾黑褐色，羽缘沾红色。雌鸟上体灰褐或橄榄褐色，具暗色纵纹，下体白色或皮黄白色，亦具黑褐色纵纹。雄鸟特征极明显，特别是纯色无斑纹的鲜红色头、额、喉和胸，可明显与其他朱雀区分，但雌鸟鉴别较困难。

生态习性：普通朱雀主要栖息于海拔1000米以上的针叶林和针阔叶混交林及其林缘地带，在西藏、西南和西北地区的栖息海拔较高，夏季上到海拔3000～4100米的山地森林和林缘灌丛地带，冬季多下到海拔2000米以下的中低山和山脚平原地带的阔叶林和次生林中，尤在林缘、溪边和农田地边的小块树丛和灌丛中较常见，有时也到村庄附近的果园、竹林和房前屋后的树上活动。常单独或成对活动，非繁殖期则多成几只至十余只的小群活动和觅食。性活泼，飞行时两翅扇动迅速，多呈波浪式前进。很少鸣叫，但繁殖期雄鸟常于早、晚站在灌木枝头鸣叫，鸣声悦耳。

食性：主要以果实、种子、花序、芽苞、嫩叶等植物性食物为食，繁殖期也吃部分昆虫。

繁殖：繁殖期5—7月。通常到达繁殖地后不久即开始分散成对。营巢于蔷薇等有刺灌丛中和小树枝杈上。

分布区与保护：除海南和台湾外，其他省（区、市）均有分布。

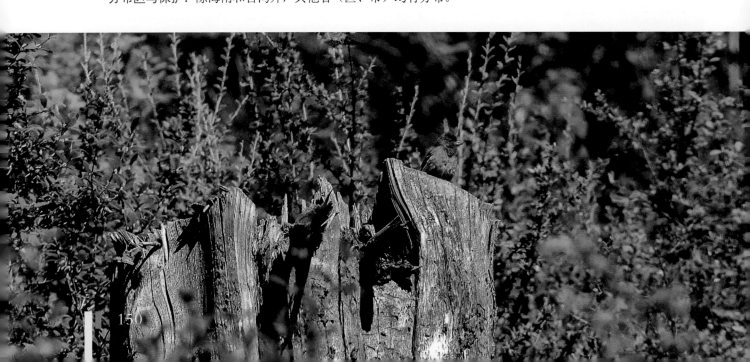

（56）白眉朱雀

学名：*Carpodacus thura*

英文名：White-browed Rosefinch

系统位置：雀形目 Passeriformes　燕雀科 Fringillidae

基本信息：小型鸟类，体长15～17厘米。额基、眼深红色，前额和一条长而宽的眉纹为珠白色沾有粉红色，并具丝绢光泽，在暗色的头部极为醒目。头顶至背为棕褐或红褐色，具黑褐色羽干纹，腰紫粉红色或玫瑰红色。头侧、颊和下体为玫瑰红色或紫粉红色，喉和上胸具细的珠白色羽毛，腹中央白色。雄鸟上体棕黄色或棕褐色，具显著的黑褐色纵纹。腰金黄色或橙黄色，具暗色羽干纹，眉纹白色或皮黄白色长而宽，从前额一直到枕侧。下体皮黄白色或污白色，具显著的黑色羽干纹。

生态习性：白眉朱雀是一种高山鸟类。栖息在海拔2000～4500米的高山灌丛、草地和生长有稀疏植物的岩石草坡，在喜马拉雅山和玉龙山地区活动痕迹甚至到海拔5000米的雪线附近，也栖息于树线附近的疏林灌丛和林缘等开阔地带。冬季常下到海拔2000米左右的沟谷和山边高原草地。繁殖期单独或成对活动。非繁殖期则多成小群，在地上活动和觅食，休息时也常停在小灌木顶端。性较大胆，不怕人。

食性：以草籽、果实、种子、嫩芽、嫩叶、浆果等植物性食物为食。

繁殖：繁殖期7—8月。6月中下旬即已成对和开始站在灌木顶端鸣叫。营巢于距离地面较近的低矮灌丛中。巢呈浅杯状，由枯草茎、草叶和草根构成，内垫有兽毛。

分布区与保护：分布于宁夏、甘肃、青海、四川、云南和西藏。

（57）红眉朱雀

学名：*Carpodacus pulcherrimus*

英文名：Beautiful Rosefinch

系统位置：雀形目 Passeriformes　燕雀科 Fringillidae

基本信息：小型鸟类，体长14～15厘米。雄鸟额、眉纹、颊、耳羽和腰为玫瑰红色，额基和眉纹微具珍珠光泽，头顶和其余上体灰褐色且具显著的灰褐色纵纹，两翅和尾黑褐色，翅上有两道不明显的玫瑰红色翅斑，下体玫瑰红色或葡萄红色。雌鸟上体灰褐或皮黄色，具宽的暗褐色羽干纹，下体淡黄白色或灰褐白色，亦具暗褐色中央纹。两翅和尾黑褐色。

生态习性：除华北亚种分布高度较低，一般在海拔1200～2000米的山坡灌丛和小树丛中外，其他亚种多分布在海拔2000～4000米的高山、高原灌丛、草地、岩石荒坡、有稀疏植物生长的戈壁荒漠和半荒漠以及林线附近的疏林灌丛中，有时甚至到雪线附近，冬季下到海拔3000米以下的河谷、林缘和山边灌丛、河滩和耕地旁的灌丛中。常常单独或成对活动，冬季亦成群活动。性温顺、大胆，不甚怕人，有时人可以靠其很近。繁殖期善鸣叫，鸣声悦耳。

食性：主要以草籽为食，也吃果实、浆果、嫩芽和农作物种子等植物性食物。

繁殖：繁殖期5—8月。营巢于灌丛中和小树上，尤其是有刺灌丛，如野蔷薇等更易被选择。巢呈杯状，由枯草茎、草叶、细根和树木韧皮纤维构成，有时掺杂少许树枝，内垫有兽毛和绒羽。每窝产卵3～6枚。

分布区与保护：在我国分布较广，局部地区种群数量较多。

（58）黄嘴朱顶雀

学名：*Carduelis flavirostris*

英文名：Twite

系统位置：雀形目 Passeriformes　燕雀科 Fringillidae

基本信息：小型鸟类，体长12～15厘米。嘴黄色，上体沙棕色或灰棕色，具褐色羽干纹。雄鸟腰部玫瑰红色，雌鸟腰部皮黄色或白色。两翅和尾褐色具白色羽缘，喉、胸皮黄色或沙棕色，具褐色纵纹，其余下体黄白色或白色。

生态习性：主要栖息于海拔3000米以上的高山和高原矮树丛、灌丛草地、岩石荒坡，也栖息于有稀疏植物生长的荒漠、半荒漠地区，在西藏和青海高原栖息高度可达海拔3800～4500米。性喜成群，除繁殖期成对活动外，其他季节多成几只至10余只的小群，有时也成20～30只或40～50只的大群，在山边、沟谷、溪边或湖边稀疏的小树丛、灌丛中和裸露的岩石及草地上活动。冬季多在低海拔和雪线以下地区游荡，有时也进入多岩石的牧场和农田地区。多在地上觅食，受惊后常结成紧密的群在空中呈起伏不平的波浪式飞翔前进，并发出尖锐而单调的"chee—chee"声。休息时多站在灌木、小树枝头或凸出的岩石上，天气恶劣时则隐藏在灌丛和树丛中。

食性：主要以草籽和其他野生植物种子为食，也吃部分昆虫和青稞种子。

繁殖：繁殖期6—8月。营巢于低矮灌木上，偶尔也在岩石缝隙中营巢。巢呈杯状，由禾本科枯草叶、草茎、细根等材料构成，内垫羊毛、牛毛等家畜毛，有的还垫羽毛和植物绒。营巢由雌鸟单独承担，雄鸟在附近警戒。巢筑好后即开始产卵，产卵4～6枚，通常5枚，偶尔也多至7枚。

分布区与保护：在我国主要分布于西部高山和高原地带，种群数量较多。

（59）红交嘴雀

学名：*Loxia curvirostra*

英文名：Red Crossbill

系统位置：雀形目 Passeriformes　燕雀科 Fringillidae

基本信息：小型鸟类，体长15～17厘米。上下嘴尖端交叉。雄鸟通体朱红色，尤以头、腰和胸部颜色较为鲜亮，两翅和尾黑褐色，翅上无白色横斑。雌鸟上体灰褐色，具暗色纵纹，头顶和腰沾黄绿色。下体苍灰白色，喉、胸和两胁沾黄绿色，尾下覆羽黑褐色，羽缘灰白色。

生态习性：栖息于山地针叶林和以针叶树为主的针阔叶混交林中。在东北、华北和陕西等北部和东部地区，栖息地海拔1100～1800米；在西部和西南地区，栖息地海拔2000～4000米，最高可栖息于海拔5000米左右的高山针叶林。冬季常下到低山和山脚平原地带的针叶林和阔叶林活动，也出入于林缘、小块丛林和人工针叶林。性活泼，喜集群，除繁殖期单独或成对活动外，其他季节多成群活动，特别是在食物丰富的地方，常集成数十只甚至上百只的大群。在有松果的松树枝叶间跳来跳去，觅食球果，也能用嘴在松树枝间攀缘或悬垂于枝头，有时也到地上活动和觅食。飞翔时两翅扇动有力，速度快，飞行呈浅波浪式。常边飞边鸣叫，鸣声响亮，其声似"jio—jio—jio"。

食性：主要以裸子植物的球果为食，如杉、松的球果，也食植物的花、芽、杂草种子等，兼食若干昆虫。

繁殖：繁殖期5—8月。营巢于针叶林和以针叶树为主的针阔叶混交林、有球果的高大松树侧枝上。巢呈浅杯状，用细的松枝、麻、细草根、苔藓、地衣等材料编织而成，内垫有苔藓、羊毛、羽毛、松萝等细软物。巢筑好后即开始产卵，每窝产卵3～5枚，多为4枚，每天产卵1枚。

分布区与保护：在我国分布较广，局部地区种群数量多，具有很大的观赏价值，是珍贵观赏鸟之一；但对有较高经济价值的松、杉类种子有一定危害。因此，应在数量较多的地区适当地进行捕捉，改供动物园陈列观赏，化害为利。

（60）灰眉岩鹀

学名：*Emberiza godlewskii*

英文名：Godlewski's Bunting

系统位置：雀形目 Passeriformes　鹀科 Emberizidae

基本信息：小型鸟类，体长15～17厘米。头、枕、头侧、喉和上胸蓝灰色，眉纹、颊、耳覆羽蓝灰色或白色，贯眼纹和头顶两侧的侧贯眼纹栗色，颚纹黑色，后端向上延伸至耳覆羽后与贯眼纹相连。背红褐色或栗色，具黑色中央纹，腰和尾上覆羽栗色，黑色纵纹少而不明显。下胸、腹等下体红棕色或粉红栗色。

生态习性：栖息于裸露的低山丘陵、高山和高原等开阔地带的岩石荒坡、草地和灌丛中，尤喜有几株零星树木的灌丛、草丛和岩石地面，也出现于林缘、河谷、农田、路边以及村旁树上和灌木上，在海拔500～4000米地带活动。常单独或成对活动，非繁殖季节成5～8只或10多只的小群，有时亦集成40～50只的大群。

食性：主要以果实、种子等植物性食物为食，也吃昆虫和昆虫幼虫。繁殖期主要以昆虫为食，非繁殖期则主要以植物性食物为食。

繁殖：繁殖期6—9月。大量繁殖主要集中在5—6月。繁殖期开始的早晚除与海拔、纬度和气候条件有关外，与个体年龄或许也有一定关系。营巢于草丛或灌丛地面浅坑内，也有在小树或灌木丛基部地面或在离地1～2.5米的玉米地边土埂上或石隙间营巢的情况。巢呈杯状，外层为枯草茎和枯草叶，有的还掺杂苔藓和蕨类植物叶子，内层为细草茎、棕丝、羊毛、马毛等，有的内层全为羊毛或牛毛，偶尔也垫有少许羽毛。1年繁殖2窝，少数或许3窝。每窝产卵3～5枚，多为4枚。繁殖期间天敌主要有雀鹰、大嘴乌鸦和双斑锦蛇。

分布区与保护：在我国分布较广，种群数量较丰富。

2.兽纲

（1）猕猴

学名： *Macaca mulatta*

英文名： Rhesus Macaque

系统位置： 灵长目 Primates　猴科 Cercopithecidae

基本信息： 体长51～63厘米。头顶无"旋"毛，毛从额部往后覆盖。尾毛蓬松，比体毛长，上面毛长4～6厘米。两颊具储存食物的颊囊。头额、颈背、肩、臀及前背呈暗灰褐色。后背至臀、后肢外侧前方及尾基富有棕黄（或烟黄）色调。胸腹为淡灰色。胼胝为鲜棕红色。雄性犬齿发达，上犬齿长16～21毫米。

生态习性： 主要栖息于海拔2500米以下的山地常绿阔叶林与针叶林带。经常出没于河谷两岸的密林，喜在岸边的峭壁上或大石崖上玩耍。群栖，数量不等，一般为40～50只。视觉、听觉灵敏，行动敏捷，善攀援跳跃，能游泳，也会泅水过河。白天活动于林间，或在树上采食，或在地上嬉戏追逐，或互相搔痒理毛。

食性： 食性杂，以野果、野菜、幼芽、嫩叶、花和竹笋为食，也食小鸟、鸟卵和昆虫等。农作物成熟时，也食农作物。

繁殖： 繁殖期不固定，孕期150～165天，多于夏季产崽，也有春秋季产崽的情况，每胎产1只，偶产2只。

分布区和保护： 分布于西南、华南、长江流域、河南、山西、河北北部、陕西和青海南部等地。濒危野生动植物种国际贸易公约（CITES）已将其列入附录Ⅱ，是国家二级保护野生动物。

（2）藏酋猴

学名：*Macaca thibetana*

英文名：Tibetan Macaque

系统位置：灵长目 Primates　猴科 Cercopithecidae

基本信息：体重10～25千克，体长520～700毫米。体毛总体为深棕褐色。颜面部呈肉色，常具黑斑。脸周具蓬松长毛。耳较小，多隐于其周围长毛中。鼻额部宽长，鼻骨相对较平，略呈三角形。眉弓粗厚。矢状脊和枕脊均较发达。尾显露、不弯折但极短，一般不超过100毫米，明显短于其后足，呈圆锥状。四肢壮实且近乎等长。雄性阴茎较短尾猴的短，龟头较膨大，阴茎骨较细且略呈"S"形。

生态习性：主要栖息在海拔2500米以下的深山沟谷常绿阔叶林、针阔混交林及稀树多岩地带。群栖。昼行。无固定的栖息地点。有随季节垂直迁移的现象。

食性：主要以植物性食物为食，包括树叶、种子及水果、竹笋，也吃蜥蜴和小鸟等，秋季有时吃玉米等作物。

繁殖：全年繁殖，孕期6个月左右，多于4—5月产崽，每胎产1崽，偶有2崽。

分布区与保护：分布于四川省内盆地周缘山区。国家二级重点保护野生动物，我国特有种。

（3）狼

学名： *Canis lupus*

英文名： Wolf

系统位置： 食肉目 Carnivora　犬科 Canidae

基本信息： 外形似犬而较大，吻部较尖，耳中等长，直立。尾短粗，其长度小于体长的1/3。嘴缘及口须白色。鼻、颊及眼周为灰白色，额和耳为浅黄灰色，额和喉为白色。颈背侧同体背色；腹面为灰白色，毛尖浅灰黄。肩、背、腰、臀及尾上为黄灰色，尾上表面明显黑色更深，而下表面变浅，尾部尖端几乎是纯黑色。胸、腹直至尾下毛色较背部稍浅，为浅灰白色。四肢外侧与背部同色，内侧与腹部同色。爪上下粗钝，略弯，呈暗黄色。

生态习性： 栖息于高原草原、高山草甸草原、高山高寒荒漠草原等空旷而人烟稀少的地方，茂密森林中少见。成群或结对生活，亦有孤栖生活者，性机警，其听觉、嗅觉和视觉都相当发达，每天晨昏活动频繁。

食性： 捕食岩羊、高原兔等。

繁殖： 冬末春初交配，孕期2个月，每胎产5～10崽。

分布区与保护： 分布于青海、西藏各地。CITES已将其列入附录Ⅱ。

（4）藏狐

学名：*Vulpes ferrilata*

英文名：Tibetan Fox

系统位置：食肉目 Carnivora　犬科 Canidae

基本信息：体型较赤狐略小，吻鼻部狭长，四肢及耳较之略短，尾亦短，通常为体长的一半，尾毛蓬松而长。背毛中央毛色棕黄，体侧毛色银灰。嘴缘及颊部灰褐色，口须、颊须及眼须为黑色。耳背大部与体背同色，颏、喉浅白色，背至尾基为棕黄色。颈侧、体侧及尾的大部分为黑白相杂，呈现银灰色，尾尖污白色。颈腹面、胸、腹为白色至灰白色。前肢前方为浅棕色，后方为棕白色；后肢前方呈土黄色，后方呈棕黄色。夏毛棕黄色调较冬毛深。

生态习性：栖息于海拔3600米以上，最高可到海拔4800米的灌丛草原、高原草原和高寒草甸草原活动。多在晨昏活动，在日间也出没。性机警。

食性：以啮齿类、地栖鸟类、沙蜥等为食。

繁殖：2月末发情交配，4—5月产崽，每胎产2～5崽。

分布区与保护：分布于云南、四川、青藏高原北部等。已被列入《国家重点保护野生动物名录》，属于国家二级保护野生动物。

（5）黑熊

学名：*Selenarctos thibetanus*

英文名：Asiatic Black Bear

系统位置：食肉目 Carnivora　熊科 Ursidae

基本信息：体长比马熊稍小。头阔，吻较短，颈短粗，臀圆且很短。胸部有月牙形白色胸斑，口缘与吻鼻为棕褐色或赭色。全身其余毛色比较一致，为富有光泽的黑色。颈侧部毛最长，呈毛丛状，胸部毛最短。前足腕垫发达，与掌垫相连。无口须，眉额处常有稀疏的浅色毛。前后足均具有5爪，强而弯曲，前足爪略长于后足爪，爪常为黑色。

生态习性：多栖息于常绿阔叶林或混交林。独栖，多在白天活动。一般于11月开始冬眠，翌年3月下旬复苏。视觉较差，但听觉及嗅觉灵敏。

食性：食性杂。以植物的幼叶、嫩芽、果实及种子为食，有时也吃昆虫、鸟卵和小型兽类。此外，还盗食玉米、蔬菜等农作物。

繁殖：6—7月发情交配，孕期7～8个月。

分布区与保护：分布于青海、西藏各地。CITES已将其列入附录Ⅰ，属国家二级保护野生动物。

（6）狗獾

学名：*Meles meles*

英文名：Eurasian Badger；Old World Badger

系统位置：食肉目 Carnivora　鼬科 Mustelidae

基本信息：体型较大且肥壮；鼻垫与上唇之间被毛，喉部黑褐色。嘴缘白色，口须黑色。口角经颊至颈侧左右各具一白色宽纵纹，从鼻尖至头顶也有一白色宽纵纹。3条白色纵纹之间夹有两条黑棕色宽带。颏、喉亦为棕黑色。颈背至腰，毛粗长，毛基白，中段黑棕色，毛尖白色，故体呈黑棕色掺杂白色，体侧白色较明显。胸及腹部为黑棕色。尾大多呈黄白色。四肢短且呈黑棕色。前后足5趾，前爪锐利，后爪较短，呈污白色。

生态习性：栖息于丘陵、山地的灌丛，喜活动于田边沟谷，掘洞穴居。黄昏或夜间活动。奔跑时头朝下。冬眠。

食性：杂食性。蚯蚓是其主要食物。

繁殖：9—10月发情交配，次年4—5月产3～5崽。

分布区与保护：广泛分布于盆地、丘陵，盆缘中山，从东北、西北往南到云贵高原及福建均有。已被列入IUCN名录——无危（LC）。

（7）香鼬

学名：*Mustela altaica*

英文名：Mountain weasel

系统位置：食肉目 Carnivora　鼬科 Mustelidae

基本信息： 体型较小，雄鼬略较黄鼬雌兽大。尾较黄鼬细，尾长不及体长的一半；夏季毛背面呈暗棕黄色，腹部淡黄色，界限明显，冬季毛界限不明显。吻端和鼻周部为乳白色，具淡褐色斑点；口须黑色，头额部较背部毛色发暗。背部至尾为暗棕褐色、浅棕褐色或浅黄褐色。尾端毛色较暗。颏、喉为乳白色，胸以下及腹部为浅黄白色、乳黄色、杏黄色、橙黄色和硫黄色。四肢上部外侧与体背同色，前后足背稍带淡白色斑。

生态习性： 广泛栖息于山地森林、草原，亦可见于海拔3000米以上的高原灌丛草甸。通常利用其他动物的洞穴居住，也栖于岩隙或石堆中。白天或晨昏活动。

食性： 主要以鼠兔和小型啮齿类动物为食。善于爬树，常捕捉小鸟，也会潜入水中捕食鱼、蛙。

繁殖： 春季发情交配，孕期40多天，春末夏初产崽，每胎产7～8崽。

分布区与保护： 分布于黑龙江、吉林、辽宁、内蒙古、新疆、山西、甘肃、四川、云南等地。CITES已将其列入附录III。

（8）藏野驴

学名：*Equus kiang*

英文名：Kiang

系统位置：奇蹄目 Perissodactyla　马科 Equidae

基本信息：体型小于野马，与杂交的骡相似。头短，吻圆钝，耳长超过170毫米。颈鬣毛短而直立。尾部的长毛生于后半段或1/3段。蹄窄而高。唇部为白色，整个头部均为深棕色，但耳缘及内侧较淡，呈淡棕色，耳尖为黑色。体背的毛色与头部一致，为深棕色、赤色或暗红褐色，冬毛色泽更暗些。肩部至尾背侧具较窄的黑褐色脊纹。肩胛两侧各有一道褐色带。臀部白色并稍偏棕色。尾背侧为深棕色，腹侧为灰色；尾端部1/2的长毛为暗棕色，近腹侧较淡。喉、腹、鼠蹊部为白色，且腹部的淡色区域明显地向背侧扩展，故背侧毛色有明显的分界线。四肢外侧上部与背同色，但向下逐渐变淡而至蹄近白色；四肢内侧呈白色或浅灰白色。各蹄基具暗棕色环带。

生态习性：栖息于海拔4200～5100米的高原、高寒荒漠草原和山林荒漠带。通常出没于开阔的山间盆地、平缓的河谷阶地、丘陵和湖滩地等。6—9月，可见结群活动，每群6～10余头或20～40余头，有时可见100头或200头以上的大群，也能见到单独活动的个体。行动时，常列纵队鱼贯而行。行走路线较固定。性甚好奇，不甚畏人。甚耐干旱。

食性：主食白草、固沙草、芨芨草、薹草、各种针茅、野葱等。

繁殖：夏末秋初繁殖，孕期1年左右，每胎产1崽。

分布区与保护：分布于青海玉树、果洛、海北和海西州，西藏那曲地区西部、阿里地区和日喀则地区西北部。CITES已将其列入附录Ⅱ，为国家一级保护野生动物。

（9）野猪

学名： *Sus scrofa*

英文名： Wild Boar

系统位置： 偶蹄目 Artiodactyla　猪科 Suidae

基本信息： 形似家猪，但鼻盘明显，吻部长而凸出，面部斜直，头骨明显狭长，上下獠牙上翘，露出唇外；耳小而直立，四肢较短；尾细，尾端扁平；鬃毛和针毛发达；鬃毛与针毛的毛尖大多分叉；吻部为暗色，嘴角向后。整个头部毛基均为黑色，但眼睑、额和顶部毛尖淡褐色，眼周和颊部毛尖暗褐色。颈、肩和背毛尖棕褐色。全身以黑色为主，毛尖淡褐色，尾尖黑色，额、喉黑色，胸腹部较背部毛尖稍淡，四肢黑褐色。

生态习性： 多栖息于灌木丛、高草丛、阔叶林或混交林。多于夜间活动。雄性独居，雌性一般结群活动。

食性： 杂食性，以幼嫩树枝、果实、草根、块根、野菜、动物尸体等为食，亦取食玉米、马铃薯等农作物。

繁殖： 秋季发情，次年4—5月产崽，每胎产5～6头，多者可达9头。

分布区与保护： 遍及全国，广泛分布于盆周和川西山地。已被列入IUCN名录——无危（LC）。

（10）林麝

学名：*Moschus berezovskii*

英文名：Forest Musk Deer

系统位置：偶蹄目 Artiodactyla　麝科 Moschidae

基本信息：毛粗硬，呈波状弯曲，质脆而易脱落，雄麝腹后具麝香腺。吻鼻裸露，鼻垫、嘴唇外部周围浅褐色显灰白。眼周毛褐色，杂有橘红色。前颊至耳基，毛略显长，为黑褐色。耳背多为褐色或黑褐色，耳端一般为黑褐或棕褐色，耳缘具黑色或棕褐色镶边，耳内及基部为白色或淡黄色。额及喉为污白色。成体从两耳间至肩部及体上部均无斑点，背、体侧上部颜色稍深，臀及尾上部多为深褐色。从两颊向下至前胸有一条白色或淡黄色的链形颈纹。颈纹的前上方有一弯曲的棕褐色纹，并围绕头后两侧形成一块状棕白色斑。腹部、腋下、鼠蹊部和尾下为黄白色。

生态习性：多栖息于阔叶林、针阔混交林和针叶林。性胆怯，善跳跃。独居，晨昏活动。

食性：以地衣、薹草等多种草类为食。

繁殖：冬季交配，翌年6月产崽。

分布区与保护：广泛分布于华中至华南地区，为我国特有种。CITES已将其列入附录Ⅱ，为国家一级保护野生动物。

（11）马麝

学名：*Moschus chrysogaster*

英文名：Alpine Musk Deer

系统位置：偶蹄目 Artiodactyla 麝科 Moschidae

基本信息：最大的一种麝。头形狭长，吻尖，耳狭长。尾极短，大部分裸露，具尾脂腺，仅尾尖有一丛稀疏毛，毛棕褐色或淡黄褐色。颈纹黄白色，纹的轮廓不明显。鼻端无毛，呈黑色，面颊、前额及头顶为褐色，略沾青灰。耳背深灰，耳端略显黑色，耳内侧、耳缘及耳基为淡黄白色。通体毛色呈淡黄褐色，后部棕橘色较浓。从耳后、颈背到肩部，比体色稍深而黑。成体背面或有较模糊的黄色斑点。体毛基部铅灰色，向上渐转为淡褐色，接近毛尖有橘色或黄色环，毛尖褐色。体侧沙黄褐色，臀部色稍暗。雌麝尾小，尾端有毛簇，雄性尾呈指状而无毛，尾脂很发达。腋下、腹部较躯体毛细长而柔，淡黄色。四肢前面似体色而稍淡；后面较深，为乌棕色或黑色。

生态习性：栖息于海拔3000～4000米的地带与针叶林镶嵌的草甸及高原灌丛、裸岩、靠山脊的灌丛或草丛等地。独栖，晨昏活动于较固定的兽径，但若有人踩过，则绕道，从不上树。

食性：以高山草类、灌丛枝叶、地衣等为食。

繁殖：冬季交配，孕期6个月，每胎产1崽。

分布区与保护：分布于青藏高原东北缘至西南缘，以及北部邻近山区的高海拔地区。是高原特产动物，为我国特有种。CITES已将其列入附录Ⅱ，为国家一级保护野生动物。

（12）毛冠鹿

学名：*Elaphodus cephalophus*

英文名：Tufted Deer

系统位置：偶蹄目 Artiodactyla　鹿科 Cervidae

基本信息：体型似麂，体毛青灰，尾背黑又似黑麂，雄兽具不分叉小角隐于毛冠，上犬齿露出唇外；眼下腺显著，不具额腺。唇缘灰白，鼻部和两眼间棕褐色，眶下腺和眼上缘各具1条灰棕色狭纹，围绕毛冠缘直至耳基前面。颊部毛尖下有灰白色环，具灰白色小斑点。耳内侧有纵行白毛。额具一马蹄形黑毛冠。颏、喉色较淡，具灰白色小斑点。整个体色暗褐，颈背、体背毛色较深，体侧较淡，肩部颈侧和前胸有许多细小的灰色斑点。尾背部黑色，腹部灰白色。四肢近端内侧灰白色，外侧与体背的毛同色。足部毛色较深，呈黑褐色。冬季毛较厚，色较深；夏季毛较薄，色较淡。

生态习性：栖息于海拔1000米以上的中高山灌丛、竹丛和草丛较多的河谷林灌及森林中。善于隐蔽，常成对活动。

食性：以各种草类为食。

繁殖：秋末冬初发情，冬季交配，孕期210天，翌年6月产崽。每胎产1～2崽。

分布区与保护：广泛分布于西南至东南大片地区。属国家二级保护野生动物。

（13）白唇鹿

学名： *Cervus albirostris*

英文名： White-lipped Deer

系统位置： 偶蹄目 Artiodactyla　鹿科 Cervidae

基本信息： 白唇鹿属于大型鹿类，其尾为大型鹿类中最短的。其头部大致呈等腰三角形，额部较宽平，耳朵长且尖，眶下腺大且深，特征十分显著。白唇鹿最显著的特征是具有一纯白色的下唇，且白色延续到喉上部以及吻两侧。颈部很长，臀部具淡黄色的斑块，没有黑色的背线和白斑。白唇鹿体毛较长且粗硬，具中空的髓心，保暖性好。雄性个体头上长有淡黄色的角，为实角，除角干基部呈圆形外，其余部分呈扁圆状，尤其是角的分叉处更加宽而扁。

生态习性： 栖息于海拔3500～5000米的森林灌丛、灌丛草甸及高山草甸草原。常隐于林缘灌丛，也善攀登流石滩及悬崖峭壁。有垂直迁移现象。群栖。

食性： 晨昏觅食，以禾本科和莎草科植物为主，也啃食山柳、金露梅、高山栎和小叶杜鹃等的嫩枝叶。有嗜盐的习性。

繁殖： 白唇鹿每年9—11月发情交配，孕期8个月，次年5—7月产崽。

分布区与保护： 分布于青藏高原东部。从生态地理分布看，分布位置在甘孜州和凉山州的沙鲁里山系，阿坝州的大雪山和雅安的邛崃山之间。为国家一级保护野生动物，我国特有种。

（14）水鹿

学名：*Cervus unicolor*

英文名：Sambar

系统位置：偶蹄目 Artiodactyla　鹿科 Cervidae

基本信息：体型粗壮。无浅色臀斑。泪窝长径大于眼窝长径。雄鹿有角，眉叉与主干呈锐角，主干远端分出第二枝，共三叉。头部深棕色。雄鹿角周围包括耳根、眼周及部分面颊密生有带棕黄色毛尖的毛。耳背为栗棕色，耳缘及内侧为淡黄色或白色。颈具长而蓬松的鬃毛，毛色深褐。体毛较粗，背及体侧为栗棕色，背中央有条黑棕色脊纹。臀周围呈锈棕色。尾毛蓬松，为黑棕色，尾下呈浅棕黄色或白色。腹部毛较柔软，腋下、鼠蹊部外侧为白色。四肢上部为栗棕色，前肢肘关节和后肢膝关节以下，内侧的毛色不如外侧深，近淡棕色或棕白色。

生态习性：栖息于海拔1400～3500米的阔叶林或针叶林。白天在密林深处隐蔽，晨昏开始觅食、饮水。性机警，嗅觉灵敏。

食性：以青草、树叶、嫩枝为食。

繁殖：交配期在4—6月，孕期6个月。

分布区与保护：分布于广西、西藏东南部、四川西部和南部、贵州、云南、江西、湖南、海南和台湾等地。为国家二级保护野生动物。

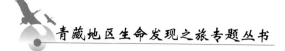

（15）野牦牛

学名：*Bos mutus*

英文名：Yak

系统位置：偶蹄目 Artiodactyla　牛科 Bovidae

基本信息：体型粗壮，头形狭长，唇鼻裸露面小，脸面平直，耳相对较小；两性均具角，角距较宽，微具环棱；颈短，颈下无肉垂，具长毛；肩中央有显著和凸起隆肉，故肩高大于臀高；尾长，尾端有簇毛；颏、喉、颈、体侧、腹部、四肢及尾均有长毛，长者可达40厘米，蹄大而圆宽。除吻周、脸面、下唇和背脊呈微弱的灰白色调外，全身毛色为一致的乌褐色，无其他杂色。

生态习性：栖息于人迹罕至、海拔4000～5000米的高大山岭、山间盆地、高原草原、高寒荒漠。除性孤独的雄牛外，爱结群生活，或浩浩荡荡遨游于高原峻岭中，或伏卧于山腰河谷间。耐寒、怕热。性凶悍，发怒时尾向上翘。嗅觉灵敏。

食性：以早熟禾、莎草、针茅、绿绒蒿、红景天、垂头菊等为食。

繁殖：8—11月发情，孕期9～10个月，每胎产1崽。

分布区与保护：分布于青海、西藏各地，是青藏高原特产动物，家牦牛的祖先。IUCN将其列为濒危物种，CITES已将其列入附录I，为国家一级保护野生动物。

（16）藏原羚

学名：*Procapra picticaudata*

英文名：Tibetan Gazelle

系统位置：偶蹄目 Artiodactyla　牛科 Bovidae

基本信息：体型较小，吻部短宽，前额高突，眼大而圆，耳短小，头显长。仅雄羚具细长的角，两角从额部几乎平行上升，角微向下弯曲，近角尖又呈弧形向上弯，角干具多而窄的环棱。体型矫健，尾短，四肢纤细；毛略显粗硬，形直而厚密，尤以臀部和后腿两侧毛直硬而富有弹性。吻端上唇及鼻部暗色，颊部灰棕色，额及头顶深棕褐色，耳背上部及耳缘暗色，耳基、耳内侧浅棕白色。额暗色，喉部浅棕色。颈背及体背均为深棕褐色。臀斑较大为白色，边缘黄棕色。尾背面深棕色，尾侧及腹面白色。颈下及胸黄棕色，腹部淡黄棕色。四肢外侧深棕色，内侧淡黄棕色。

生态习性：栖息于高山草原、草甸、高原荒漠、半荒漠。活动于地形较平缓的山坡、高原、丘原和宽谷有水草的地方。活动范围广，无固定地，常结成5～6只小群，也有单独活动的情况，冬季结成大群。视觉、听觉灵敏，性机警、好奇，行动轻捷。

食性：主要在清晨和黄昏觅食，以各种草类为食，也食菌类、松萝和树叶。

繁殖：冬季发情，孕期半年，每胎产1崽，偶产2崽。

分布区与保护：分布于青海、西藏各地。为国家二级保护野生动物。

（17）藏羚羊

学名：*Pantholops hodgsonii*

英文名：Tibetan Antelope

系统位置：偶蹄目 Artiodactyla　牛科 Bovidae

基本信息：体型较大，吻鼻宽阔，鼻腔两侧膨胀，呈半圆形，鼻孔几乎垂直向下，鼻端被毛。无眶下腺，头形宽大；雄性具长角，几乎平行，垂直向上，角尖微向内弯曲，远处侧视，似为一角；角具明显环棱；尾短小，尾端尖细；四肢匀称；毛被极为丰厚，毛形均直。吻灰白，脸面带褐色。雄兽前额具"U"形暗褐色纹，头顶淡棕褐色。耳背、耳尖与头顶毛色相似，耳内白色。眼周、颊及喉白色。颈背至躯体上部为一致的淡棕色。尾背与体背同色，尾侧及尾尖白色，尾腹裸露。颈下、胸、腹及鼠蹊全为白色，四肢外侧与体色一致，前缘具黑褐色纵纹。夏季毛色较深，冬季较淡，个别雄羊毛色趋于白色。

生态习性：栖息于海拔4100～5200米的荒漠草原和高原草甸。性胆怯、好奇，但很机警。集群，于晨昏活动。一般无固定栖息地，随季节、食物而游荡。喜在溪边采食。

食性：主要以绿绒蒿、禾本科及莎草科等植物为食。

繁殖：冬季发情，孕期约6个月，每胎产1崽。

分布区与保护：分布于西藏、青海西南部。青藏高原特产动物，我国特有种，CITES已将其列入附录Ⅰ，为国家一级保护野生动物。

（18）岩羊

学名：*Pseudois nayaur*

英文名：Blue Sheep

系统位置：偶蹄目 Artiodactyla　牛科 Bovidae

基本信息：形似绵羊，雄羊较雌羊大，头狭长，颌下无须，两性均具角，雄羊角粗大，似牛角，向两侧稍下弯，角尖微向后然后向上微弯。毛色灰蓝带棕色，四肢前面及腹侧具黑纹。上下唇为白色，吻及颊部灰白带黑色。耳背与头同色，耳内白色，颏与喉黑褐色。头后至身体背部直至尾基为棕灰色，部分毛尖还染黑色。尾毛背侧基部暗灰，逐渐转为黑色，尾下部为白色。胸黑褐色，腋、腹和鼠蹊为白色。四肢外侧与体同色，但胸部黑褐色延伸到前肢前缘转为黑条纹，体侧的下缘从腋下开始，经腰部、鼠蹊部，一直到后肢的前缘直至蹄子上边，也有一条黑纹。四肢内侧概为白色，各蹄侧有一圆形白斑。

生态习性：栖息于高原、丘原和高山裸岩与山谷间的草地。视觉、听觉灵敏，行动敏捷，善于登高走险。

食性：以各种灌木的枝叶和青草为食。

繁殖：冬季繁殖，孕期约10个月，每胎产1崽。

分布区与保护：分布于青海、西藏各地。为国家二级保护野生动物。

（19）盘羊

学名：*Ovis ammon*

英文名：Argali

系统位置：偶蹄目 Artiodactyla　牛科 Bovidae

基本信息：大型羊，体健壮，角粗大，向下盘曲呈螺旋状；耳小，尾甚短，约与耳等长；颏无须。唇周和眶下腺周围色较浅，略呈灰白或棕白色，颊和额部为浅灰棕色，头顶及耳背均为暗棕色，耳内为白色。颏和喉为灰白或棕白色。颈部和前肩为浅灰棕色，前背中央、后背中央和侧面为灰棕色，但杂有白色的毛。腰及侧部毛色较深，转为暗棕色。臀具白色臀斑。尾毛灰棕色，尾背中央有一棕色纵纹，尾下白色。胸、腹部黄棕色，腋下、下腹部、鼠蹊部白色。四肢上半段外侧与体毛色相似，下半段直至踝关节毛色转浅，呈棕白或灰白色。

生态习性：栖息于海拔3000～5000米的无林的高原、丘原和山麓间，常登高山裸岩，喜空旷开阔地区。视觉、听觉、嗅觉都很灵敏。有季节性迁移特征，群居性。晨昏觅食。

食性：以针茅、莎草、香草、早熟禾等为食。

繁殖：冬季发情，孕期5个月，每胎产1崽，偶产2崽。

分布区与保护：分布于青海、西藏各地。中亚特产动物，CITES已将其列入附录Ⅱ，为国家二级保护野生动物。

（20）喜马拉雅旱獭

学名：*Marmota himalayana*

英文名：Himalayan Marmot

系统位置：啮齿目 Rodentia　松鼠科 Sciuridae

基本信息：大型啮齿类哺乳动物。地栖型松鼠类，体型粗壮而肥胖，尾短，仅为体长的25%，尾毛不呈蓬松状。口周为淡黄色，鼻侧棕色，鼻上部有纵行黑色区，至两眼间逐渐扩大直至耳基。眼至耳前具棕黄色条纹，眼上黑色加重，呈现条纹状。耳色深黄；颊、面均为淡褐色，具黑色细斑纹。体背呈棕黄色泽，具有黑色细斑纹。腹面如背色，但较灰暗，肛周棕红色。尾上面如背色，端部1/4为黑褐色；下面基段1/2为褐黄色，端部1/2为黑褐色；四足背面为淡棕黄色，近爪基端为深褐色。

生态习性：栖息于海拔3000米以上的高原高寒草原、草甸区。多成家族性群居。栖息洞口多，洞道深而复杂，洞系分冬用、夏用和临时用三种；洞口都有挖掘时推出的土形成的土丘。白昼活动。

食性：主要以草为食。

繁殖：繁殖期4—9月。平均每胎产5崽或6崽；3～4次冬眠后达性成熟。

分布区与保护：广泛分布于青藏高原地区。

（21）高原兔

学名：*Lepus oiostolus*

英文名：Woolly Hare

系统位置：兔形目 Lagomorpha　兔科 Leporidae

基本信息：体型较大。眼周及鼻侧污白色至污黄色；耳背与体背同色，耳尖端较深，内侧淡黄色，前缘尖端黑褐色；颈部黄棕色。体背自前额至尾基淡黄灰色至黄灰色。腹面、喉及肩部棕黄褐色，余均纯白色；背腹交界处呈黄灰色。前肢背面及后肢外侧淡黄褐色。尾背面具一较窄而淡的暗灰色区域；两侧及腹面纯白。四足背面白色。体毛长而柔软，绒底丰厚，尾相对较短。

生态习性：栖息于高原高寒草原、高寒草甸的山岩附近。白昼活动，以晨昏为甚。

食性：主要以草为食。

繁殖：5—8月为孕期，每年产2胎，每胎产4～6崽。

分布区与保护：分布于青藏高原等地区。

（22）黑唇鼠兔

学名：*Ochotona curzoniae*

英文名：Plateau Pika

系统位置：兔形目 Lagomorpha　鼠兔科 Ochotonidae

基本信息：体型较大，与川西鼠兔相近。吻、鼻周黑色；眼周具窄淡棕色眼圈；耳外侧黑棕色，内侧黄褐色，有明显淡色边缘；耳后基部具明显淡色区。体背自吻端至尾基为黄褐色，体侧色泽较淡。腹色污白，毛尖染以淡黄色泽；唯颈下、两腋及腹面中部具一"Y"形纵行淡色区。

生态习性：栖息于海拔4000米左右的宽谷草原草甸区，数量极多。白昼活动。

食性：以草为食。

繁殖：夏季可繁殖3～5胎，每胎2～8崽。

分布区与保护：分布于青海、西藏各地。

（23）间颅鼠兔

学名：*Ochotona cansus*

英文名：Gansu Pika

系统位置：兔形目 Lagomorpha　鼠兔科 Ochotonidae

基本信息：体型较藏鼠兔略小。体背暗黄褐色，体侧较淡。腹面、喉部多为污黄色，少数为淡黄色或污白色，余为暗棕黄色、淡棕黄色或污白色；腹面中部有棕黄色纵条区。四肢同体背色。

生态习性：栖息于海拔2200～4000米的高原草地及灌丛。主要在白昼活动。

食性：以草为食。

繁殖：5—8月为繁殖期，每胎产2～6崽。

分布区与保护：分布较广，北自甘肃、青海，南抵四川西部，西至西藏南部，东至山西。已被列入IUCN名录——无危（LC）。

川藏南线野生植物基本介绍

1.双子叶植物

双子叶离瓣花

（1）扭萼凤仙花

学名：*Impatiens tortisepala* Hook. f.

系统位置：凤仙花科 Balsaminaceae　凤仙花属 *Impatiens*

特征：一年生草本，具少数支柱根，全株无毛。茎直立，分枝，小枝细，开展，叶互生，具柄。叶片近膜质，长圆形或卵状长圆形，顶端渐尖或尾状渐尖，边缘具圆齿状，齿端具小尖，齿间无刚毛。总花梗生于上部叶腋或小枝端，花总状排列；苞片钻形，顶端急尖，宿存。花黄色，侧生萼片2，膜质，肾状圆形；旗瓣圆肾形，背面中肋增厚，具龙骨状突起，顶端喙尖；翼瓣具宽柄，2裂，上部裂片较长，斧形，顶端圆形，背部具反折的小耳，具紫色斑点；唇瓣檐部囊状，口部斜上，基部急狭成长15毫米、内弯顶端棍状粗的距。花丝短而宽；花药卵圆形，顶端尖。子房纺锤形，直立，顶端尖，蒴果线形，顶端喙尖；种子多数，长圆状倒卵形，栗褐色。花期8—9月。

生境：生长于海拔1500～2900米的山谷阴湿处。

分布：四川（洪雅、天全）。

价值：萼片十分奇特，具有观赏价值，可作园林花卉。

植物文化

凤仙花，花如其名。清代康熙皇帝命内阁学士汪灏等撰成的《广群芳谱》记述凤仙："桠间开花，头翅尾足俱翘然如凤状，故又有金凤之名。"其在百花中的地位虽不比梅、兰、竹、菊、牡丹和芍药，甚至曾被苏门四学士之一的张耒贬为"菊婢"，但凤仙花仍以其顽强的生命力和独特的风姿赢得了人们的喜爱。

（2）桃儿七

学名：*Sinopodophyllum hexandrum* (Royle) T. S. Ying

系统位置：小檗科 Berberidaceae　桃儿七属 *Sinopodophyllum*

特征：多年生草本，植株高20～50厘米。根状茎粗短，节状，多须根；茎直立，单生，具纵棱，无毛，基部被褐色大鳞片。叶2枚，薄纸质，非盾状，基部心形，3～5深裂几达中部，裂片不裂或有时2～3小裂；叶柄长10～25厘米，具纵棱，无毛。花大，单生，先叶开放，两性，整齐，粉红色；萼片6，早萎；花瓣6，倒卵形或倒卵状长圆形；雄蕊6，长约1.5厘米，花丝较花药稍短；雌蕊1，子房椭圆形，1室，侧膜胎座，含多数胚珠，花柱短，柱头呈头状。浆果卵圆形，熟时橘红色；种子卵状三角形，红褐色，无肉质假种皮。花期5—6月，果期7—9月。

生境：生长于海拔2200～4300米的林下、林缘湿地、灌丛中或草丛中。

分布：云南、四川、西藏、甘肃、青海和陕西。

价值：含有木脂体类的成分。根茎、须根、果实均可入药，能祛风湿、利气血、通筋、止咳；果能生津益胃、健脾理气、止咳化痰。

（3）具苞糖芥

学名：*Erysimum wardii* Polatschek

系统位置：十字花科 Brassicaceae　糖芥属 *Erysimum*

特征：多年生草本；茎数个，有分枝，具贴生2叉丁字毛。基生叶线形或窄线形，全缘或具疏生小齿；茎生叶和基生叶形状相似，但较短。总状花序顶生；萼片长圆形，外面有2叉丁字毛；花瓣黄色，匙形。长角果线形，具贴生2叉丁字毛。种子椭圆形，紫褐色。花、果期11月。

生境：生长在河滩。

分布：四川、云南及西藏。

价值：性寒，味甘涩。清血热，镇咳，强心；治虚痨发热、肺结核咳嗽、久病心力不足，能解肉毒。

（4）长鞭红景天

学名：*Rhodiola fastigiata* (Hook. f. et Thoms.) S. H. Fu

系统位置：景天科 Crassulaceae　红景天属 *Rhodiola*

特征：多年生草本。花茎4～10，着生主轴顶端，叶密生。叶互生，线状长圆形、线状披针形、椭圆形至倒披针形，先端钝，基部无柄，全缘，或有微乳头状凸起。花序伞房状；雌雄异株；花密生；萼片5，线形或长三角形，钝；花瓣5，红色，长圆状披针形，钝；鳞片5，横长方形，先端有微缺。花期6—8月，果期9月。

生境：生长于海拔2500～5400米的山坡石上。

分布：西藏、云南、四川。

价值：具有抗寒冷、抗缺氧、抗疲劳、抗微波辐射、抗衰老、抗肿瘤、抗毒、强心、增强免疫力等生理和药理作用。

（5）高山锦鸡儿

学名：*Caragana chumbica* Prain

系统位置：豆科 Fabaceae　锦鸡儿属 *Caragana*

特征：灌木，高1～1.5米。老枝深褐色或黄褐色；一年生枝粗壮，密被灰色长柔毛。羽状复叶有3对小叶；托叶革质，密被长柔毛，先端针刺常脱落；短枝上叶轴密集，嫩时密被灰色长柔毛，老时褐红色；小叶各对远离，线形，先端锐尖，有刺尖，基部稍圆钝，两面被灰色长柔毛，下面较密，常由中脉向上折叠。花梗单生，关节在基部，被长柔毛；花萼钟状管形，萼齿披针形，与萼筒近等长或较萼筒长，密被长柔毛；花冠黄白色；旗瓣黄色，下面带粉红色，瓣片近圆形，两面被长柔毛，下面中部较密，瓣柄长约为瓣片的1/2，翼瓣上部较宽，瓣柄长约为瓣片的2/5，具2耳，下耳较瓣柄稍长，上耳三角形或齿状，龙骨瓣较翼瓣稍宽，基部斜截形，耳不明显，瓣柄较瓣片短；子房密被长绒毛。花期6月。

生境：生长于海拔4600～5000米的高山砾石山坡。

分布：西藏江孜朗卡子卡惹雪山。

价值：根皮和花药用，滋补强壮，活血调经，祛风利湿，主治高血压、头昏头晕、耳鸣眼花、体弱乏力、月经不调、白带，乳汁不足、风湿关节痛、跌打损伤。

（6）紫雀花

学名：*Parochetus communis* Buch.-Ham ex D. Don Prodr.

系统位置：豆科 Fabaceae 紫雀花属 *Parochetus*

特征：匍匐草本，被稀疏柔毛。根茎丝状，节上生根，有根瘤。掌状三出复叶；托叶阔披针状卵形，膜质，无毛，全缘；叶柄细柔，微被细柔毛；小叶倒心形，基部狭楔形，边全缘，或有时呈波状浅圆齿，上面无毛，下面被贴伏柔毛，侧脉4～5对，达叶缘处分叉并环结，细脉网状，不明显，两面均平坦；小叶柄甚短。伞状花序生于叶腋，具花1～3朵；总花梗与叶柄等长；苞片2～4枚；花梗被柔毛；萼钟形，密被褐色细毛，萼齿三角形，与萼筒等长或稍短；花冠淡蓝色至蓝紫色，偶为白色和淡红色，旗瓣阔倒卵形，先端凹陷，基部狭至瓣柄，无毛，脉纹明显，翼瓣长圆状镰形，先端钝，基部有耳，稍短于旗瓣，龙骨瓣比翼瓣稍短，三角状阔镰形，先端成直角弯曲，并具急尖，基部具长瓣柄；子房线状披针形，无毛，胚珠多数，上部渐狭至花柱，花柱向上弯曲，稍短于子房。荚果线形，无毛，先端斜截尖，有种子8～12粒。种子肾形，棕色，有时具斑纹，种脐小，圆形，侧生。花果期4—11月。

生境：生长于海拔2000～3000米的林缘草地、山坡、路旁荒地。

分布：四川、云南、西藏。

价值：全草可入药，味甘，性平。主治肾虚阳痿、气虚食少、小儿疳积、刀伤出血、跌打骨折。茎叶柔嫩，无毛，无特殊气味，叶量大，营养价值高，牛、羊喜食。

（7）川西老鹳草

学名：*Geranium orientali-tibeticum* R. Knuth

系统位置：牻牛儿苗科 Geraniaceae 老鹳草属 *Geranium*

特征：多年生草本。根茎细长或粗纤维状。茎1～2，基部仰卧，围以残存叶柄和托叶，中部假二叉状分枝，被倒向短柔毛。叶对生；托叶狭披针形，先端长渐尖，外被短柔毛；基生叶和茎下部叶具长柄，柄长为叶片的3～5倍，密被倒向短柔毛；叶片圆肾形或五角状圆肾形，基部深心形或上部叶基部宽楔形，掌状5～7深裂近基部，裂片倒卵伏楔形或近菱形，中部以下全缘，中部以上羽状深裂或齿裂，通常裂为3～5齿，齿端钝圆，表面被短伏毛，背面被疏伏毛，沿脉被毛较密。花序顶生或腋生，明显长于叶；总花梗密被倒向短柔毛，具2花；苞片条状披针形，被微柔毛；花梗与总花梗相似，长为花的1.5～2倍，直立；萼片长卵形，先端急尖，具短尖头，外被白色开展的长糙毛和短柔毛；花瓣紫红色，倒卵形，长为萼片的2.5～3倍，先端圆形或截平，基部楔形，边缘被白色长柔毛；雄蕊稍长于萼片，花丝棕色，茎部扩展，密被糙毛，花药棕色；子房与雄蕊近等长，被短伏毛，花柱分枝紫色。蒴果长2.5厘米，被短柔毛。花期5—7月，果期8—9月。

生境：生长于中山地带的河谷灌丛中以及山地灌丛中。

分布：产于四川西部，广泛分布于青海与西藏各地。

价值：全草可入药，祛风湿，通经络，清热解毒，止泻痢。用于治疗风湿疼痛、拘挛麻木、痈疽、跌打损伤、肠炎、痢疾、疮疡等。

（8）全缘叶绿绒蒿

学名：*Meconopsis integrifolia* (Maxim.) Franch.

系统位置：罂粟科 Papaveraceae　绿绒蒿属 *Meconopsis*

特征：一年生至多年生草本，全体被锈色和金黄色，平展或反曲，具多短分枝的长柔毛。茎粗壮，不分枝，具纵条纹。基生叶莲座状，其间常混生鳞片状叶，叶片倒披针形、倒卵形或近匙形，先端圆或锐尖，边缘全缘；茎生叶下部同基生叶，上部近无柄，狭椭圆形、披针形、倒披针形或条形。花通常4～5朵。花瓣6～8，近圆形至倒卵形，黄色或稀白色。蒴果宽椭圆状长圆形至椭圆形。种子近肾形，种皮具明显的纵条纹及蜂窝状孔穴。花果期5—11月。

生境：生长于海拔2700～5100米的草坡或林下。

分布：甘肃西南部、四川西部和西北部、云南西北部和东北部。

价值：全草清热止咳；开花前采叶入药，治胃中反酸；花退热催吐、消炎，治跌打骨折。全缘叶绿绒蒿是一种具有较高经济价值的高山植物，除具有药用价值外，还因花色泽艳丽而具有较高的观赏价值。

（9）藿香叶绿绒蒿

学名：*Meconopsis betonicifolia* Franch.

系统位置：罂粟科 Papaveraceae　绿绒蒿属 *Meconopsis*

特征：一年生或多年生草本，高1.5米。叶基宿存，密被锈色分枝长柔毛。茎不分枝，无毛，稀被锈色长柔毛。基生叶卵状披针形或卵形，长5～15厘米，先端圆或尖，基部心形或截形，下延成翅，向叶柄基部逐渐扩大成鞘状，具宽缺刻状圆齿，两面疏被分枝长柔毛，中脉凸起，侧脉二叉；下部茎生叶同基生叶，上部叶无柄，基部耳形抱茎。花3～6，组成总状花序。花梗28厘米；花径6～8厘米；花瓣4，或顶生花5～6，宽卵形、圆形或倒卵形，长3～5厘米，蓝色或紫色，具纵纹；花丝丝状；子房无毛，稀被锈色长柔毛，花柱棒状，柱头4～7裂。果长圆状椭圆形，长2～4.5厘米，无毛，稀被平伏锈色长硬毛，顶端4～5微裂或裂至上部。种子近肾形，长约1毫米，具纵纹及蜂窝状孔穴。花果期6—11月。

生境：生长于海拔3000～4000米的林下或草坡。

分布：云南西北部、西藏东南部。

价值：花型硕大，轻盈浓艳，享有"东方蓝罂粟""高山精灵"的美誉，观赏价值高；又因其分布海拔相对较低，是绿绒蒿属中为数不多的应用于园林观赏的植物之一。

（10）宽叶绿绒蒿

学名：*Meconopsis rudis* (Prain) Prain

系统位置：罂粟科 Papaveraceae　绿绒蒿属 *Meconopsis*

特征：多年生一次结实草本，可高达90厘米。茎直立，圆柱状，粗5～10毫米；被硬毛叶，全部基生，莲座状；叶柄具狭翅，表面蓝绿色，反面灰绿，正面被基部黑紫色刺毛，中脉在叶背隆起，叶缘波状至浅裂。花序总状，有花数十朵；花侧向或稍俯垂，直径44～84厘米；花梗被稀疏刺毛；花瓣5～7枚，蓝色至紫色，偶有浅蓝色或紫红色；花丝与花瓣同色或较花瓣更深，花药灰色或黄灰色；子房卵形，密被刺毛；花柱狭圆柱形，1～3毫米；柱头黄色，伸出雄蕊群之外一果实，蒴果，卵形，被直立刺毛，宿存花柱6～7毫米。花期6—9月，果期7—10月。

生境：生长于3400～4800米的高山草地及流石滩。

分布：云南西北部、四川南部和西南部。

价值：全草可入药，味苦，性寒，有小毒，活血化瘀，清热解毒，消肿止痛。主治头伤、骨折、气虚下陷、浮肿、脱肛、久痢、哮喘、腰痛、腿痛。

（11）两栖蓼

学名：*Persicaria amphibia* (L.) S. F. Gray

系统位置：蓼科 Polygonaceae　蓼属 *Persicaria*

特征：多年生草本。水生茎漂浮，全株无毛，节部生根；叶浮于水面，长圆形或椭圆形。陆生茎不分枝或基部分枝；叶披针形或长圆状披针形，两面被平伏硬毛，具缘毛。穗状花序；苞片漏斗状；花被5深裂，淡红或白色，花被片长椭圆形；雄蕊5；花柱2，较花被长。瘦果近球形，扁平，双凸，包于宿存花被内。

生境：生长于海拔50～3700米的湖泊边缘的浅水中、沟边及田边湿地。

分布：广布于我国东北、华北、西北、华东、华中和西南地区。

价值：适合露地栽种，能够较好地适应池塘边缘水位的变化，叶片外形也会随之改变，亦可盆栽供观赏，用于阳台布置。全草可入药，内服治疗痢疾，外用治疗疔疮。

（12）长叶多穗蓼

学名： *Polygonum polystachyum* var. *longifolia* Hook.f.

系统位置： 蓼科 Polygonaceae　萹蓄属 *Polygonum*

特征： 半灌木。茎直立，高80～100厘米，具柔毛，有时无毛，多分枝，具纵棱。叶片较狭窄，披针形或条状矩圆形，长8～15厘米，宽1.5～3厘米，上面绿色，疏生短柔毛，下面灰绿色，密生白色短柔毛；叶柄粗壮，长约1厘米；托叶鞘偏斜，膜质，深褐色，长3～4厘米，开裂，无缘毛，密生柔毛。花序圆锥状，开展，花序轴及分枝具柔毛；花被5深裂，白色或淡红色，开展，直径约4毫米，花被片不相等，内部3片较大，宽倒卵形，长约3毫米，外部2片较小，苞片膜质，卵形，被柔毛，顶端尖；花梗纤细，无毛或疏被柔毛，顶部具关节，比苞片长；雄蕊通常8枚，比花被短，花药紫色；花柱3，自基部离生，柱头头状。瘦果卵形，具3棱，黄褐色，平滑，长约2.5毫米。花期8—9月，果期9—10月。

生境： 生长于海拔2200～3800米的山坡林下或沟谷。

分布： 云南西部、西藏。

价值： 全草可入药，性凉，味辛，祛风利湿，杀虫止痢，清热解毒。主治细菌性痢疾、肠炎、小儿消化不良、跌打损伤、风湿肿痛、皮肤湿疹。

（13）银露梅

学名：*Dasiphora glabra* (G. Lodd.) Soják

系统位置：蔷薇科 Rosaceae　金露梅属 *Dasiphora*

特征：灌木。小枝灰褐色或紫褐色，疏被柔毛。羽状复叶，有3～5片小叶，叶柄被疏柔毛；小叶椭圆形、倒卵状椭圆形或卵状椭圆形，两面疏被柔毛或近无毛；托叶外被疏柔毛或近无毛。单花或数朵顶生；花梗细长，疏被柔毛；萼片卵形，副萼片披针形、倒卵状披针形或卵形，比萼片短或近等长，外面被疏柔毛；花瓣白色，倒卵形。瘦果被毛。花果期6—11月。

生境：生长于海拔1400～4200米的山坡草地、河谷岩石缝中、灌丛及林中。

分布：在我国分布于内蒙古、河北、山西、陕西、甘肃、青海、安徽、湖北、四川、云南等省（区）。朝鲜、俄罗斯、蒙古也有分布。

价值：本种枝叶茂密，适宜做庭院观赏灌木，做矮篱也很美观。叶与果含鞣质，可提制栲胶。嫩叶可代茶叶饮用。花、叶入药，有健脾、化湿、清暑、调经之效。在内蒙古山区为中等饲用植物，骆驼喜食。藏族群众广泛用作建筑材料，填充在屋檐下或门窗上下。

（14）金露梅

学名：*Dasiphora fruticosa* (L.) Rydb.

系统位置：蔷薇科 Rosaceae　金露梅属 *Dasiphora*

特征：灌木，多分枝。小枝红褐色，幼时被长柔毛。羽状复叶，有5（3）小叶；叶柄被绢毛或疏柔毛；小叶片长圆形、倒卵状长圆形或卵状披针形，疏被绢毛或柔毛或脱落近于无毛；托叶薄膜质，外面被长柔毛或脱落。单花或数朵生于枝顶，花梗密被长柔毛或绢毛；萼片卵圆形，副萼片披针形至倒卵状披针形，外面疏被绢毛；花瓣黄色，宽倒卵形。瘦果近卵形，褐棕色，外被长柔毛。花果期6—9月。

生境：生长于海拔1000～4000米的山坡草地、砾石坡、灌丛及林缘。

分布：黑龙江、吉林、辽宁、内蒙古、河北、山西、陕西、甘肃、新疆、四川、云南、西藏。

价值：本种枝叶茂密，黄花鲜艳，适宜做庭院观赏灌木，做矮篱也很美观。叶与果含鞣质，可提制栲胶。嫩叶可代茶叶饮用。花、叶入药，有健脾、化湿、清暑、调经之效。

（15）凉山悬钩子

学名：*Rubus fockeanus* Kurz.

系统位置：蔷薇科 Rosaceae　悬钩子属 *Rubus*

特征：多年生匍匐草本，稀混生少数小腺毛；茎细，平卧，节上生根，有短柔毛。复叶具3小叶，小叶片近圆形至宽倒卵形，顶端圆钝，基部宽楔形至圆形，边缘有不整齐粗钝锯齿。花单生或1~2朵，顶生；花梗具柔毛，有时有刺毛；花萼外面被柔毛或混生红褐色稀疏刺毛；萼片5枚或超过5枚，卵状披针形至狭披针形，顶端长渐尖至尾状渐尖；花瓣倒卵圆状长圆形至带状长圆形，白色。果实球形，红色，无毛，由半球形的小核果组成；核具皱纹。花期5—6月，果期7—8月。

生境：生长于海拔2000~4000米的山坡草地或林下。

分布：湖北、四川、云南、西藏。

价值：全株入药，具有清热、解毒、消炎的功能。

（16）蕨麻

学名：*Argentina anserina* L.

系统位置：蔷薇科 Rosaceae　蕨麻属 *Argentina*

特征：多年生草本。茎匍匐，节处生根，被贴生或半开展疏柔毛或脱落几无毛。基生叶为间断羽状复叶，有6～11对小叶，叶柄被贴生或稍开展疏柔毛，小叶椭圆形、卵状披针形或长椭圆形，上面被疏柔毛或脱落近无毛，下面密被紧贴银白色绢毛。单花腋生；花梗疏被柔毛；萼片三角状卵形，副萼片椭圆形或椭圆状披针形，常2～3裂；花瓣黄色，倒卵形。花果期4—9月。

生境：生长于海拔500～4100米的河岸、路边、山坡草地及草甸。

分布：黑龙江、吉林、辽宁、内蒙古、河北、山西、陕西、甘肃、宁夏、青海、新疆、四川、云南、西藏。

价值：甘肃、青海、西藏高寒地区的蕨麻根部膨大，含丰富淀粉，亦称"蕨麻"或"人参果"，可治贫血和营养不良等，又可供制甜食及酿酒用。根含鞣料，可提制栲胶，并可入药，做收敛剂；茎叶可用来提取黄色染料。亦是蜜源植物和饲料植物。

（17）马蹄黄

学名：*Spenceria ramalana* Trimen

系统位置：蔷薇科 Rosaceae　马蹄黄属 *Spenceria*

特征：多年生草本。根茎木质，茎直立，带红褐色，疏生白色长柔毛或绢状柔毛。基生叶为奇数羽状复叶；小叶片13～21片，对生，稀互生，宽椭圆形或倒卵状矩圆形；托叶卵形；茎生叶有少数小叶片或成单叶。总状花序顶生，有12～15朵花；苞片倒披针形；副萼片披针形，有4～5齿，外面除白色长柔毛外还有腺毛；萼片披针形；花瓣黄色，倒卵形。瘦果近球形，黄褐色。花期7—8月，果期9—10月。

生境：生长于海拔3000～5000米的高山草原石灰岩山坡。

分布：四川、云南、西藏。

价值：根入药，可解毒消炎，收敛止血，止泻，止痢。

（18）大落新妇

学名：*Astilbe grandis* Stapf ex Wils.

系统位置：虎耳草科 Saxifragaceae　落新妇属 *Astilbe*

特征：多年生草本。根状茎粗壮。茎通常不分枝，被褐色长柔毛和腺毛。二至三回三出复叶至羽状复叶；叶轴与小叶柄均或多或少被腺毛，叶腋近旁具长柔毛；小叶片卵形、狭卵形至长圆形，先端短渐尖至渐尖，边缘有重锯齿，基部心形、偏斜圆形至楔形。圆锥花序顶生，通常为塔形；花序轴与花梗均被腺毛；小苞片狭卵形；萼片5，卵形、阔卵形至椭圆形，先端钝或微凹且具微腺毛，边缘膜质，两面无毛；花瓣5，白色或紫色，线形，先端急尖，单脉。花果期6—9月。

生境：生长于海拔450～2000米的林下、灌丛或沟谷阴湿处。

分布：黑龙江、吉林、辽宁、山西、山东、安徽、浙江、江西、福建、广东、广西、四川、贵州等省（区）。

价值：根与根状茎含岩白菜素。根状茎入药，治筋骨酸痛等症。

（19）裸茎金腰

学名：*Chrysosplenium nudicaule* Bunge

系统位置：虎耳草科 Saxifragaceae　金腰属 *Chrysosplenium*

特征：多年生草本。茎疏生褐色柔毛或乳头状凸起。基生叶具长柄，叶片革质，肾形，边缘具浅齿；叶柄下部疏生褐色柔毛。聚伞花序密集呈半球形；苞叶革质，阔卵形至扇形，具浅齿，腹面具极少褐色柔毛，背面无毛，柄疏生褐色柔毛；托杯外面疏生褐色柔毛；萼片在花期直立，扁圆形，先端钝圆，弯缺处具褐色柔毛和乳头状凸起。蒴果先端凹缺，2果瓣近等大；种子黑褐色，卵球形，光滑无毛，有光泽。花果期6—8月。

生境：生长于海拔2500～4800米的石隙。

分布：甘肃、青海、新疆、云南西北部和西藏东部。

价值：藏医用其治疗胆病引起的发烧、头痛、急性黄疸性肝炎、急性肝坏死等，亦可用于催吐胆汁。

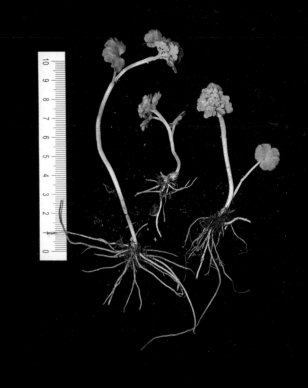

（20）藏东瑞香

学名：*Daphne bholua* Buch.-Ham. ex D. Don

系统位置：瑞香科 Thymelaeaceae　瑞香属 *Daphne*

特征：常绿灌木，多分枝；小枝暗棕红色，幼时顶部散生短硬毛，不久脱落，树皮褐色，叶迹显著，半圆形。叶互生，革质，窄椭圆形至长圆状披针形，先端急尖，稀渐尖或钝形，基部宽楔形，边缘全缘。花紫红色或红色，芳香，7～12朵组成头状花序，顶生或生于小枝上部叶腋。果实黑色，卵形；种子1颗。

生境：生长于海拔2100～2530米的林下。

分布：云南西北部和西藏。

价值：性甘无毒，具有清热解毒、消炎去肿、活血去瘀的功效。在南部地区可地栽观赏。

（21）匍匐水柏枝

学名：*Myricaria prostrata* Hook. f. et Thoms. ex Benth. et Hook. f.

系统位置：柽柳科 Tamaricaceae　水柏枝属 *Myricaria*

特征：匍匐矮灌木，高5～14厘米；老枝灰褐色或暗紫色，平滑，去年生枝纤细，红棕色，枝上常生不定根。叶在当年生枝上密集，长圆形、狭椭圆形或卵形，先端钝，基部略狭缩，有狭膜质边。总状花序圆球形，侧生于去年生枝上，密集，常由1～3花组成，少为4花组成；花梗极短，基部被卵形或长圆形鳞片，鳞片覆瓦状排列；苞片卵形或椭圆形，长于花梗，先端钝，有狭膜质边；萼片卵状披针形或长圆形，先端钝，有狭膜质边；花瓣倒卵形或倒卵状长圆形，淡紫色至粉红色；雄蕊花丝合生部分达2/3左右，稀在最基部合生，几分离；子房卵形，柱头头状，无柄。蒴果圆锥形。种子长圆形，顶端具芒柱，芒柱粗壮，全部被白色长柔毛。花、果期6—8月。

生境：生长于海拔4000～5200米的高山河谷砂砾地、湖边沙地，以及砾石质山坡和冰川雪线下雪水融化后所形成的水沟边。

分布：西藏、青海、新疆、甘肃。

价值：性甘、微苦，平。主治麻疹不透、咽喉肿痛、血中热症、"黄水"病。

（22）蜀葵

学名：*Alcea rosea* Linnaeus

系统位置：锦葵科 Malvaceae　蜀葵属 *Alcea*

特征：二年生直立草本，高2米，茎枝密被刺毛。叶近圆心形，掌状5～7浅裂或波状棱角，裂片三角形或圆形，中裂片上面疏被星状柔毛，粗糙，下面被星状长硬毛或绒毛；叶柄被星状长硬毛；托叶卵形，先端具3尖。花腋生，单生或近簇生，排列成总状花序式，具叶状苞片，花梗被星状长硬毛；小苞片杯状，常6～7裂，裂片卵状披针形，密被星状粗硬毛，基部合生；萼钟状，5齿裂，裂片卵状三角形，密被星状粗硬毛；花大，有红、紫、白、粉红、黄和黑紫等色，单瓣或重瓣，花瓣倒卵状三角形，先端凹缺，基部狭，爪被长髯毛；雄蕊柱无毛，花丝纤细，花药黄色；花柱分枝多数，微被细毛。果盘状，被短柔毛，分果爿近圆形，多数，具纵槽。花期2—8月。

生境：生长于山坡、草地、路旁等向阳处。

分布：产于我国西南地区，全国各地广泛栽培。

价值：全草入药，有清热止血、消肿解毒之效，主治吐血、血崩等症。茎皮含纤维，可代麻用。观赏价值高，全国各地广泛栽培供园林观赏用。

双子叶合瓣花

（23）西藏牛皮消

学名：*Cynanchum auriculatum* Royle ex Wight

系统位置：萝藦科 Asclepiadaceae 鹅绒藤属 *Cynanchum*

特征：蔓性半灌木；宿根肥厚，呈块状；茎圆形，被微柔毛。叶对生，膜质，被微毛，宽卵形至卵状长圆形，长4～12厘米，宽4～10厘米，顶端短渐尖，基部心形。聚伞花序伞房状，着花30朵；花萼裂片卵状长圆形；花冠白色，辐状，裂片反折，内面具疏柔毛；副花冠浅杯状，裂片椭圆形，肉质，钝头，在每裂片内面的中部有1个三角形的舌状鳞片；花粉块每室1个，下垂；柱头圆锥状，顶端2裂。蓇葖双生，披针形，长8厘米，直径1厘米；种子卵状椭圆形；种毛白色绢质。花期6—9月，果期7—11月。

生境：生长于从低海拔的沿海地区直到海拔3500米的山坡林缘及路旁灌木丛中或河流、水沟边潮湿地。

分布：产于山东、河北、河南、陕西、甘肃、西藏、安徽、江苏、浙江、福建、台湾、江西、湖南、湖北、广东、广西、贵州、四川、云南等。

价值：块根可入药，养阴清热，润肺止咳。主治神经衰弱、胃及十二指肠溃疡、肾炎、水肿等。

（24）两头毛

学名：*Incarvillea arguta* (Royle) Royle

系统位置：紫葳科 Bignoniaceae　角蒿属 *Incarvillea*

特征：多年生具茎草本，分枝，高1.5米。叶互生，为一回羽状复叶，不聚生于茎基部，长约15厘米；小叶5～11枚，卵状披针形，长3～5厘米，宽15～20毫米，顶端长渐尖，基部阔楔形，两侧不等大，边缘具锯齿，上面深绿色，疏被微硬毛，下面淡绿色，无毛。顶生总状花序，有花6～20朵；苞片钻形，长3毫米，小苞片2，长不足1.5毫米；花梗长0.8～2.5厘米。花萼钟状，长5～8毫米，萼齿5，钻形，长1～4毫米，基部近三角形。花冠淡红色、紫红色或粉红色，钟状长漏斗形，长约4厘米，直径约2厘米；花冠筒基部紧缩成细筒，裂片半圆形，长约1厘米，宽约1.4厘米。雄蕊4，2强，着生于花冠筒近基部，长1.8～2.2厘米，不外伸；花药成对连着，丁字形着生。花柱细长，柱头舌状，极薄，2片裂，子房细圆柱形。果线状圆柱形，革质，长约20厘米。种子细小，多数，长椭圆形，两端尖，被丝状种毛。花期3—7月，果期9—12月。

生境：生长于海拔1400～3400米的干热河谷、山坡灌丛中。

分布：甘肃、四川东南部、贵州西部及西北部、云南东北部及西北部、西藏。

价值：全草入药，治跌打损伤、风湿骨痛、月经不调、痈肿、胸肋疼痛；可根治腹泻。云南富民县兽医用全草治牛马锅底癀。

（25）甘青微孔草

学名：*Microula pseudotrichocarpa* W. T. Wang

系统位置：紫草科 Boraginaceae　微孔草属 *Microula*

特征：茎直立或渐升，高10～44厘米，自基部或中部以上分枝，有稀疏糙伏毛和稍密的开展刚毛。基生叶和茎下部叶有长柄，披针状长圆形或匙状狭倒披针形，或长圆形，长3～5.5厘米，宽5～15厘米，顶端微尖，基部渐狭，茎上部叶较小，无柄或近无柄，狭椭圆形或狭长圆形，长1～3厘米，两面有糙伏毛，并散生刚毛。花序腋生或顶生，初密集，近球形，果期常伸长，长达1.5厘米；苞片披针形至狭椭圆形，长1～4毫米；花梗长1毫米；在花序之下有1朵无苞片的花，具长5毫米的花梗；有时在茎中部分枝处有1朵与叶对生具长梗的花。花萼长2～2.5毫米，两面被短伏毛，外面散生少数长硬毛，5裂近基部，裂片线状三角形；花冠蓝色，无毛，檐部直径3.8～5.5毫米，5裂，裂片宽倒卵形，筒部长1.5～3毫米，附属物低梯形或半月形，长约0.3毫米。小坚果卵形，长约2毫米，宽约1.2毫米，有小瘤状凸起和极短的毛，背孔长圆形，长约1毫米，着生面位于腹面近中部处。7—8月开花。

生境：生长于海拔2200～3500米（在青海玉树可达4500米，在西藏昌都可达3900米）的高山草地。

分布：四川西北部、甘肃、青海东部和西藏东部。

价值：全草可治疗眼疾、痘疹等。富含γ-亚麻酸，是特色营养保健食品、保健食用油、新型化妆品和医药产品的理想原料。

（26）刚毛忍冬

学名：*Lonicera hispida* Pall. ex Roem. et Schult.

系统位置：忍冬科 Caprifoliaceae　忍冬属 *Lonicera*

特征：落叶灌木幼枝常带紫红色，叶柄和总花梗均具刚毛或兼具微糙毛和腺毛，老枝灰色或灰褐色。冬芽有1对具纵槽的外鳞片，外面有微糙毛或无毛。叶厚纸质、椭圆形、卵状椭圆形、卵状矩圆形至矩圆形，近无毛或下面脉上有少数刚伏毛或两面均有疏或密的刚伏毛和短糙毛，边缘有刚睫毛。苞片宽卵形，有时带紫红色；花冠白色或淡黄色，漏斗状；果实先黄色后变红色，卵圆形至长圆筒形；种子淡褐色，矩圆形，稍扁。花期5—6月，果期7—9月。

生境：生长于海拔1700～4200米的山坡林中、林缘灌丛中或高山草地上，在四川、西藏一带可达4800米。

分布：河北西部、山西、陕西南部、宁夏南部、甘肃中部至南部、青海东部、新疆北部、四川西部、云南西北部及西藏东部和南部。

价值：刚毛忍冬的嫩枝、叶可清热解毒、舒筋通络，用于治疗湿痹痛。花蕾用于治疗疮肿、肺痈、肠痈。果实可清肝明目。

（27）黄杯杜鹃

学名： *Rhododendron wardii* W. W. Smith

系统位置： 杜鹃花科 Ericaceae　杜鹃属 *Rhododendron*

特征： 灌木，高约3米；幼枝嫩绿色，平滑无毛，老枝灰白色，树皮有时层状剥落。叶多密生于枝端，革质，长圆状椭圆形或卵状椭圆形，长5～8厘米，宽3～4.5厘米，先端钝圆，有细尖头，基部微心形，上面深绿色，下面淡绿色或灰绿色，中脉在上面平坦或有小沟纹，在下面凸起，侧脉9～13对，在两面均微现；叶柄细瘦，长2～3厘米，无毛，上面有沟槽。总状伞形花序，有花5～14朵；总轴长5～15毫米，有短柄腺体；花梗长2～4厘米，常被稀疏腺体；花萼大，5裂，萼片膜质，卵形或卵状椭圆形，长5～12毫米，宽3～5毫米，不等大，边缘密生整齐的腺体；花冠杯状，长3～4厘米，直径4～5厘米，鲜黄色，5裂，裂片近圆形，长约1.5厘米，顶端有凹缺；雄蕊10，花丝长1～1.8厘米，不等长，无毛；花药卵圆形，长约2毫米，黄色；雌蕊长2～2.5厘米；子房圆锥形，长5毫米，密被腺体，花柱长约2毫米，通体有腺体，柱头膨大成头状。蒴果圆柱状，长2～2.5厘米，直径7毫米，微弯曲，顶端渐尖成锥状，被腺毛，花萼在果时常宿存，并长大成叶状，长达1.2厘米。花期6—7月，果期8—9月。

生境： 生长于3000～4000米的山坡、云杉及冷杉林缘、灌木丛中。

分布： 四川西南部、云南西北部、西藏东南部。

价值： 杜鹃属植物是优良的盆景材料。园林中最宜在林缘、溪边、池畔及岩石旁成丛成片栽植，也可于疏林下散植，是花篱的良好材料，可经修剪培育成各种形态。杜鹃在花季绽放时，给人热闹而喧腾的感觉，而不是花季时，其深绿色的叶片也很适合在庭院、林中做矮墙或屏障。

（28）弯月杜鹃

学名：*Rhododendron mekongense* Franch.

系统位置：杜鹃花科 Ericaceae　杜鹃属 *Rhododendron*

特征：落叶灌木，高0.6～2米，分枝多，细而挺直。幼枝被刚毛，后逐渐脱落变无毛，无鳞片。叶芽鳞早落。叶常迟于花发出，革质，倒卵形、倒披针形至倒卵状椭圆形，长2～6.5厘米，宽0.8～2.7厘米，顶端圆钝，具短突尖，基部楔形，边缘疏被长纤毛，上面暗绿色或橄榄绿色，无鳞片，无毛，下面粉绿色或淡绿色，被密而细小的鳞片，鳞片不等大，淡褐色、褐色或暗褐色，鳞片间距离为其直径的1～4倍，幼叶中脉疏被长柔毛；叶柄长1～5毫米，疏生鳞片和长刚毛。花序顶生，伞形，具2～5花，花芽鳞脱落；花梗长1～2.5厘米，疏生鳞片，无毛或疏被长刚毛；花萼5裂，裂片不等大，长2～7毫米，圆形、卵形、长圆形、披针形至三角形，外面被鳞片，边缘有长缘毛或无毛；花冠钟状或宽钟状，长1.5～2.3厘米，黄色或绿黄色，外面常被鳞片；雄蕊10枚，不等长，伸出花管外，花丝下部或大部密生短柔毛；子房5室，密被鳞片，无毛，花柱短而粗壮，弯弓状，无鳞片和毛。蒴果长圆形，长7～11毫米，密被鳞片；果梗伸长达3.2厘米。花期5—6月。

生境：生长于海拔3000～3800米的高山草坡阳处、竹林、冷杉、杜鹃林内或灌丛、林缘。

分布：云南西北部、西藏东南部及南部。

价值：杜鹃属植物枝繁叶茂，绮丽多姿，萌发力强，耐修剪，根桩奇特，是优良的盆景材料。园林中可在林缘、溪边、池畔及岩石旁成丛成片栽植，也可于疏林下散植，是做花篱的良好材料，可经修剪培育成各种形态。

（29）卵萼花锚

学名：*Halenia elliptica* D. Don

系统位置：龙胆科 Gentianaceae 花锚属 *Halenia*

特征：一年生草本，根具分枝，黄褐色。茎直立，无毛，四棱形，上部具分枝。基生叶椭圆形，有时略呈圆形；茎生叶卵形、椭圆形、长椭圆形或卵状披针形，先端圆钝或急尖，基部圆形或宽楔形。聚伞花序腋生和顶生；花萼裂片椭圆形或卵形；花冠蓝色或紫色，裂片卵圆形或椭圆形。蒴果宽卵形，上部渐狭，淡褐色；种子褐色，椭圆形或近圆形。花、果期7—9月。

生境：生长于海拔700～4100米的高山林下及林缘、山坡草地、灌丛中、山谷水沟边。

分布：西藏、云南、四川、贵州、青海、新疆、陕西、甘肃、山西、内蒙古、辽宁、湖南、湖北。

价值：全草可入药，清热利湿，可治急性黄疸性肝炎等症。

（30）合柄汉克苣苔

学名：*Henckelia connata* X. Z. Shi & Li H. Yang

系统位置：苦苣苔科 Gesneriaceae　汉克苣苔属 *Henckelia*

特征：多年生草本，花冠蓝紫色到浅蓝色，花序梗长4～10厘米，花梗长1.5～4厘米，苞片披针形至三角形，多数器官上被短柔毛。

生境：生长于海拔700～4100米的高山林下及林缘、山坡草地、灌丛中、山谷水沟边。

分布：西藏、云南、四川、贵州、青海、新疆、陕西、甘肃、山西、内蒙古、辽宁、湖南、湖北。

价值：具有较高观赏价值，适于岩石造景和庭院盆栽。

（31）川西荆芥

学名：*Nepeta veitchii* Duthie

系统位置：唇形科 Lamiaceae　荆芥属 *Nepeta*

特征：根木质，细长，向上过渡成根茎，其上密生须根。叶卵状长圆形至披针状长圆形；花萼被平展的短柔毛，并有混生淡黄色小腺点，上部常带紫色；花冠蓝紫色，外疏被短柔毛，混生淡黄色小腺点，基部上面具白色髯毛，侧裂片卵圆状半圆形。花期7—8月。

生境：生长于海拔3800～4100米的山地草坡。

分布：四川西部、云南西北部。

价值：有解表散风、透疹的功效，可治疗感冒、麻疹、风疹、头痛。

（32）多花荆芥

学名：*Nepeta stewartiana* Diels

系统位置：唇形科 Lamiaceae　荆芥属 *Nepeta*

特征：多年生草本，高1.5米；茎被微柔毛，后无毛；叶长圆形或披针形，先端尖，基部圆或宽楔形，具细圆锯齿，上面被微柔毛，下面被短柔毛及黄色腺点；叶柄长0.5～2厘米；轮伞花序梗长约5毫米，苞片线状披针形，密被腺微柔毛，上唇3裂，齿披针状三角形，下唇2齿窄披针形；花冠紫或蓝色，疏被短柔毛，冠筒微弯，上唇深裂成2钝裂片，下唇中裂片椭圆形，顶端具弯缺，基部内面被髯毛，侧裂片半圆形；小坚果褐色，长圆形，稍扁，无毛。花期8—10月，果期9—11月。

生境：生长于海拔2700～3300米的山地草坡或林中。

分布：云南西北部，四川西南部及西藏东部。

价值：全草可入药，主治外感风热、头痛咽痛、麻疹透发不畅、吐血、衄血、外伤出血、跌打肿痛、毒蛇咬伤等。

（33）钟花报春

学名：*Primula sikkimensis* Hook.

系统位置：报春花科 Primulaceae　报春花属 *Primula*

特征：叶片椭圆形至矩圆形或倒披针形，边缘具锐尖或稍钝的锯齿或牙齿，上面深绿色，鲜时有光泽，下面淡绿色，网脉极纤细；叶柄甚短至稍长于叶片。花冠黄色，稀为乳白色，干后常变为绿色，长1.5～3厘米，筒部稍长于花萼，筒口周围被黄粉，裂片倒卵形或倒卵状矩圆形，全缘或先端具凹缺。花期6月，果期9—10月。

生境：生长于海拔3200～4400米的林缘湿地、沼泽草甸和水沟边。

分布：产于四川西部、云南西北部和西藏。

价值：藏民用全草做止泻药，还可治疗诸热病、血病、小儿热痢、水肿、腹泻、脉病等。

（34）小钟报春

学名：*Primula sikkimensis* var. *pudibunda* (W. W. Sm.) W. W. Sm. et H. R. Fletcher

系统位置：报春花科 Primulaceae　报春花属 *Primula*

特征：植株较小，叶片椭圆形至矩圆形或倒披针形，边缘具锐尖或稍钝的锯齿或牙齿，上面深绿色，鲜时有光泽，下面淡绿色，网脉极纤细；叶柄甚短至稍长于叶片。花冠黄色，稀为乳白色，干后常变为绿色，通常长约1.5厘米，宽约1厘米，筒部稍长于花萼，筒口周围被黄粉，裂片倒卵形或倒卵状矩圆形，全缘或先端具凹缺。花期6月，果期9—10月。

生境：生长于海拔4000米以上的高山草甸、沼泽和水边。

分布：产于四川西部、云南西北部和西藏。

价值：藏民用全草做止泻药，用于治疗诸热病、血病、小儿热痢、水肿、腹泻、脉病等。

（35）林芝报春

学名： *Primula ninguida* W. W. Smith

系统位置： 报春花科 Primulaceae 报春花属 *Primula*

特征： 多年生草本。根状茎粗短，具多数长根。叶丛基部外围有鳞片和少数枯叶；鳞片卵形至披针形，先端锐尖或稍渐尖，鲜时带肉质，干后厚纸质，背面和腹面先端密被乳黄色粉。叶片披针形至倒披针形，先端稍渐尖，基部渐狭窄，边缘具小圆齿，干时纸质，上面被微柔毛，下面初被乳黄色粉，老时近于无粉，中肋宽扁，侧脉不明显；叶柄具宽翅，与叶片近等长或稍长于叶片。花葶高约15厘米，顶端微被粉；伞形花序1轮，3～15花；苞片狭披针形，腹面被粉，背面微被粉或仅具粉质小腺体；花梗被乳白色粉；花萼筒状，裂片线状披针形，先端锐尖，外面疏被微柔毛，内面密被白粉；花冠深紫红色，冠筒窄长，喉部具环状附属物，筒口周围橙黄色，裂片矩圆状椭圆形，全缘。长花柱花的冠筒长13～14毫米，雄蕊近冠筒中部着生，花柱长近达筒口；短花柱花的冠筒长14～17.5毫米，雄蕊着生于冠筒上部，花药顶端接近筒口，花柱长达冠筒中部。蒴果筒状，长于花萼。花期6月。

生境： 生长于海拔3200～4400米的林缘湿地、沼泽草甸和水沟边。

分布： 产于西藏（米林、林芝）。

价值： 全草可入药，味苦性寒，具有清热燥湿、泻肝胆火的作用，还能止血，用来治疗小儿高热抽风。同时林芝报春具有很高的观赏价值，可用作园林花卉。

（36）暗紫脆蒴报春

学名：*Primula calderiana* Balf. F. et Cooper

系统位置：报春花科 Primulaceae　报春花属 *Primula*

特征：多年生草本，具粗短的根状茎和肉质长根，鲜时有难闻气味。叶丛基部有鳞片包叠；鳞片卵形至卵状披针形，长可达4厘米，通常被黄粉。叶矩圆形至近匙形或倒披针形，先端钝圆，有时稍锐尖，基部渐狭窄，边缘具近于整齐的小圆齿，无粉或有时下面被淡黄色粉，中肋宽扁，侧脉稍纤细，两面均明显；叶柄具宽翅，与叶片近等长。花葶高5～30厘米，果时稍伸长，近顶端被粉；伞形花序1轮，2～25花；苞片披针形或狭三角形，被粉；花梗被乳黄色粉或粉质腺体，开花时稍下弯，果时直立，顶端稍增粗；花萼钟状，常染紫色，外面被小腺体，分裂近达中部，裂片卵形至卵状矩圆形，先端钝或稍锐尖，内面和外面边缘被乳黄色粉；花冠暗紫色或酱红色，极少白色，冠筒口周围黄色，裂片阔倒卵形至近圆形，先端微凹缺。长花柱花的雄蕊近冠筒中部着生，花柱微伸出筒口；短花柱花的雄蕊着生于冠筒上部，花药顶端露出筒口，花柱约与花萼等长。蒴果球形，短于宿存花萼。花期5—6月，果期7—8月。

生境：生长于海拔3800～4700米的高山草地和水沟边。

分布：产于西藏亚东、错那、隆子、朗县、米林、林芝、墨脱等地。

价值：暗紫脆蒴报春具有清热燥湿、泻肝胆火及止血等多种功效，用于治疗小儿高热抽风。同时其具有较高的观赏价值，可用作园林花卉，浓郁的花香可以随风飘得很远。

2.单子叶植物

（1）尖果洼瓣花

学名：*Lloydia oxycarpa* Franch.

系统位置：百合科 Liliaceae　洼瓣花属 *Lloydia*

特征：植株高5～26厘米，无毛。鳞茎狭卵形，上端延长、开裂。基生叶3～7枚，宽约1毫米；茎生叶狭条形，长1～3厘米，宽约1毫米。花通常单朵顶生；内外花被片相似，近狭倒卵状矩圆形，长9～13毫米，宽3～4毫米，先端钝，黄色或绿黄色，基部无凹穴或毛；雄蕊长为花被片的3/5～2/3，花丝无毛或疏生短柔毛；子房狭椭圆形，长约3毫米，花柱与子房近等长，柱头稍膨大。蒴果狭倒卵状矩圆形，长约15毫米，宽约4毫米。种子近狭卵状条形，有3条纵棱，长约2.5毫米，一端有短翅。花期5—7月，果期8月。

生境：生长于海拔3400～4800米的山坡、草地或疏林下。

分布：云南西北部至中部、西藏、四川西南部和甘肃南部。

价值：鳞茎可入药。味苦、微甘，性微寒；有清热化痰、解毒消肿、止血的功效。可治肺热咳喘、痰黄质稠、疮痈肿痛、外伤出血等。

（2）黄花杓兰

学名：*Cypripedium flavum* P. F. Hunt et Summerh

系统位置：兰科 Orchidaceae 杓兰属 *Cypripedium*

特征：植株通常高30～50厘米，具粗短的根状茎。茎直立，密被短柔毛，尤其在上部近节处，基部具数枚鞘，鞘上方具3～6枚叶。叶较疏离，叶片椭圆形至椭圆状披针形。花序顶生，通常具1花，罕有2花；花序柄被短柔毛；花苞片叶状、椭圆状披针形，被短柔毛；花梗和子房密被褐色至锈色短毛；花黄色，有时有红色晕，唇瓣上偶见栗色斑点；中萼片椭圆形至宽椭圆形；合萼片宽椭圆形，先端几不裂，亦具类似的微柔毛和细缘毛；花瓣长圆形至长圆状披针形，并有不明显的齿，内表面基部具短柔毛，边缘有细缘毛；唇瓣深囊状，椭圆形，两侧和前沿均有较宽阔的内折边缘，囊底具长柔毛；退化雄蕊近圆形或宽椭圆形，基部近无柄，多少具耳，下面略有龙骨状突起，上面有明显的网状脉纹。蒴果狭倒卵形，被毛。花果期6—9月。

生境：生长于海拔1800～3450米的林下、林缘、灌丛中或草地上多石湿润之地。

分布：甘肃南部、湖北西部、四川、西藏东南部、云南西北部。

植物文化

兰花是中国最古老的花卉之一，早在帝尧时期就有种植兰花的传说。古人认为兰花"香""花""叶"三美俱全，又有"气清""色清""神清""韵清"四清，是"理想之美，万化之神奇"。最早赋予兰花一定人文精神的是孔子，据东汉蔡邕《琴操》载："孔子自卫反鲁，隐谷之中，见幽兰独茂，蔚然叹曰：'兰当为王者香'。"真正的兰花文化则起源于战国时期楚国的爱国诗人屈原，他种兰、爱兰、咏兰，以兰花为寄托写下的众多不朽诗作，千百年来一直影响着后人。后世诗人也有许多咏兰的名句，比如陈子昂的"岁华尽摇落，芳意竟何成"，刘克庄的"一从夫子临轩顾，羞伍凡葩斗艳涛"。诗人们将兰花的高洁与人格的完美联系起来，使得兰花的文化内涵不断拓展和延续。兰花以高洁、清雅、幽香而著称，叶姿优美，花香幽远。自古以来，兰花都被视为美好事物的象征，在民间已被广泛人格化了。兰花对社会生活与文化艺术产生了巨大的影响。父母以兰取名以表心，画家取兰作画以寓意，诗人咏兰赋诗以言志。兰花的形象和气质已深入人心，并起着潜移默化的作用。古代舞剧以"兰步""兰指"为优美动作，把优秀的文学作品和书法作品称为"兰章"，把真挚的友谊叫作"兰交"，把人的芳洁、美慧喻为"兰心蕙质"，又把杰出人物的去世比作"兰摧玉折"。兰花在中国人民心目中，已经成为一切美好事物的寄寓和象征。